功率半导体器件及其仿真技术

陆晓东 著

U0323197

北 京

冶 金 工 业 出 版 社

2021

内 容 提 要

　　本书是在作者多年从事功率半导体器件工艺和产品开发的基础上完成的。全书共分为五部分，即功率半导体器件的基础、工作原理、加工工艺、设计及热设计，其中前两部分是功率半导体器件应用基础，重点给出了功率半导体器件的发展历史、目前的制作水平、未来发展趋势和几种常见功率器件的工作原理；后三部分主要给出了作者在工作中所使用的工艺和产品设计过程中运用的基本理论和基本技术，特别是在设计部分，作者给出了自己实际工作过程中编制计算程序的源代码、晶闸管的设计流程和经验参数计算等。

　　本书可为从事功率器件的研究人员提供十分有价值的设计参考。

图书在版编目（CIP）数据

功率半导体器件及其仿真技术／陆晓东著 . —北京：
冶金工业出版社，2016.1（2021.6 重印）
　ISBN 978-7-5024-7127-9

　Ⅰ . ①功… 　Ⅱ . ①陆… 　Ⅲ . ①功率半导体器件
Ⅳ . ①TN303

　中国版本图书馆 CIP 数据核字（2015）第 316569 号

出 版 人　苏长永
地　　　址　北京市东城区嵩祝院北巷 39 号　邮编　100009　电话　（010）64027926
网　　　址　www. cnmip. com. cn　电子信箱　yjcbs@ cnmip. com. cn
责任编辑　杨盈园　美术编辑　杨　帆　版式设计　孙跃红
责任校对　卿文春　责任印制　禹　蕊
ISBN 978-7-5024-7127-9
冶金工业出版社出版发行；各地新华书店经销；北京中恒海德彩色印刷有限公司印刷
2016 年 1 月第 1 版，2021 年 6 月第 2 次印刷
169mm×239mm；10.25 印张；199 千字；155 页
48. 00 元
冶金工业出版社　投稿电话　（010）64027932　投稿信箱　tougao@ cnmip. com. cn
冶金工业出版社营销中心　电话　（010）64044283　传真　（010）64027893
冶金工业出版社天猫旗舰店　yjgycbs. tmall. com
　　　　　（本书如有印装质量问题，本社营销中心负责退换）

前　言

目前，电力电子应用领域十分广泛，如用电领域中的电力电子技术有电动机的优化运行、高能量密度的电源应用；信息领域中电力电子技术为信息技术提供先进的电源和运动控制系统，日益成为信息产品中不可缺少的一部分；发电领域中的电力电子技术有发电机的直流励磁、水轮发电机的变频励磁、环保型能源发电；储能领域中的电力电子技术有蓄电池与电容器组储能、抽水储能发电、超导线圈的磁场储能；输电领域中的电力电子技术有动态无功功率补偿（SVC）技术、高压直流输电（HVDCT）技术、消除谐波改善电网供电品质等。

电力电子技术是利用功率半导体器件对电能进行变换和控制的技术，其最大的特点在于实现强电与弱电相结合，以弱电控制强电，用以实现电能的转换、控制、分配和应用的最优化、高效率、智能化。在未来电力能源使用过程中，几乎所有的电能都需要经过电力电子设备的转换，因此未来电力电子技术将发挥越来越重要的作用。

功率半导体器件是构成各种电力电子设备的核心，对提高整机装置的各项技术指标和性能起着至关重要的作用。功率半导体器件的一般特征为：

（1）处理电功率的能力小至毫瓦级，大至兆瓦级，大多都远大于处理信息的电子器件。

（2）电力电子器件一般都工作在开关状态，导通时，接近于短路，管压降接近于零，而电流由外电路决定；阻断时，阻抗很大，接近于断路，电流几乎为零。开关特性是电力电子器件特性很重要的特性，有些时候甚至上升为第一位的重要特性。

（3）电力电子器件往往需要由信息电子电路来控制。

（4）电力电子器件在工作时一般都要安装散热器。

目前，功率半导体器件仍以硅材料为主。电力电子技术的实现和不断发展，离不开各类功率半导体器件性能的稳定提高和产品类型的不断创新，所以功率半导体器件制造产业是国民经济发展中基础性的支柱型产业之一。

目前，功率半导体器件正由半控型、全控型器件快速进入全新的智能型时代，其发展脉络表现出的特点是：一方面原有各新型功率半导体器件额定参数不断提高；另一方面电力电子技术与微电子技术进一步结合，使功率半导体器件朝着大容量、智能化方向迅速发展。其发展方向主要包括：

（1）现有器件扩大容量、提高性能。

（2）开发新型的功率半导体器件。

（3）提高芯片及模块的集成度，简化电路结构设计。

（4）寻找新材料，制作新型功率半导体器件。

在功率半导体器件加工和设计部分，本书重点介绍了整流管、晶闸管的基本加工工艺的原理、器件特性设计的理论依据。最后，本书介绍了利用流行的晶闸管经验公式的设计方法并结合计算机的超运算能力开发的晶闸管结构设计程序。该程序实现了两个计算功能模块：

（1）参数复核功能模块：该模块主要实现了在结构参数给定的情况下，计算出相关电参数的理论值，这种功能可为产品结构参数调整提供十分有益的帮助。

（2）结构设计功能模块：该模块可通过设计者给出的电参数，计算出晶闸管的结构参数，为制作性能良好的晶闸管提供理论设计依据。

除上述两个基本功能外，本书给出的 Matlab 程序已实现界面友好的应用程序要求，操作者可很容易地通过程序提示，完成晶闸管生产过程中的参数复核运算和生产前的结构参数优化设计过程。

作 者
2015 年 10 月

目　　录

1　功率半导体器件基础

1.1　电力电子技术概述

1.1.1　电力电子技术发展的背景

近年来，世界范围内的能源短缺和环境污染问题均日益突出。一方面，为了实现经济社会的可持续发展，各国政府都纷纷加大了对新型清洁能源领域的政策引导力度，并希望借此推进新能源的快速发展，使其最终成为人类未来利用的主要能源。另一方面，如何有效利用能源，提升现有能源的利用效率，也是世界各国解决能源短缺和环境污染问题必须长期坚持的基本能源政策。

在人类可直接使用的二次能源中，电能是应用最广泛的能源，也是消耗最大的能源。对一个国家的经济和生活质量而言，一次能源（如煤、石油、天然气和太阳能、风能等）转换为电能的比例和效率越高，表明该国的生产力越先进，人民的生活水平越高。正因为如此，提供高效清洁的电能和提高能源利用效率（包括能源转换效率和终端消费效率），就成为电能利用的最重要课题之一。

电力电子技术又称功率电子技术，是利用功率半导体器件对电能进行变换和控制的技术，其最大的特点在于实现强电与弱电相结合，以弱电控制强电，用以实现电能的转换、控制、分配和应用的最优化、高效率、智能化。电能从电厂产生、经线路输送、最后到终端用户的整个过程，涉及电能的产生、存储、传输、分配及高效利用等环节，都需要充分发挥电力电子技术的重要作用。目前，在人类利用的总能源中，电能约占40%，如果能使用有效的电力电子技术对电能进行变换，人类至少可节省约1/3的能源消耗。正因为如此，现代电力电子技术已成为改造传统产业（电力、机械、矿冶、交通、化工、轻纺等）和实现新建高技术产业（航天、激光、通信、机器人等）的基本技术，同时也是实现节能、降耗、减排的基本技术。据估计，在发达国家，用户最终使用的电能中，有60%以上的电能至少经过一次以上电力电子变流装置的处理。在未来电力能源使用过程中，几乎所有的电能都需要经过电力电子设备的转换，因此未来电力电子技术将发挥越来越重要的作用。

1.1.2　电力电子技术与其他学科的关系

电力电子技术包括功率半导体器件、功率变换技术及控制技术等几个方面，是电力、电子、控制三大电气工程技术领域之间的交叉学科。随着科学技术的发展，电力电子技术由于和现代控制理论、材料科学、电机工程、微电子技术等许多领域密切相关，已逐步发展成为一门多学科相互渗透的综合性技术学科。

在实际应用中，电力电子装置一般是由主电路、控制电路、检测电路、驱动电路、保护电路等组成，如图 1-1 所示。检测电路将检测的主电路信号送入控制电路，然后控制电路根据这些信号并按照系统工作要求形成电力电子器件的控制信号，最后控制信号通过驱动电路来控制主电路中电力电子器件的导通或关断，从而完成整个系统的功能。在主电路和控制电路中附加一些保护电路，可以保证系统正常可靠运行。

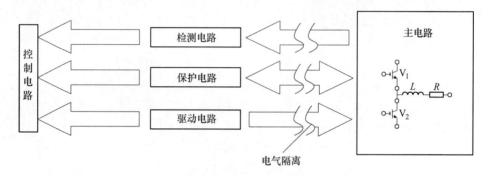

图 1-1　电力电子器件在实际应用中的系统组成

1974 年，美国的 W. Newell 用倒三角形对电力电子学进行了描述，如图 1-2 所示。他的这一观点已被全世界普遍接受。电力电子学中使用的电子技术与信息电子技术不同。信息电子技术包括数字电路和模拟电路，主要用于信息处理，器

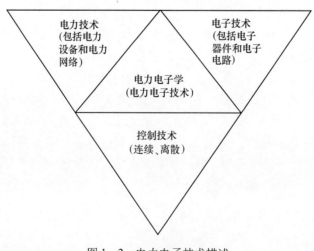

图 1-2　电力电子技术描述

件可工作在开关状态和放大状态；而电力电子技术主要用途是电力变换和控制，且其器件一般只工作在开关状态。但二者间又存在着十分紧密的关系：

（1）二者的器件材料和制作工艺基本相同；

（2）二者的理论基础、分析方法、分析软件基本相同；

（3）二者都已形成了以器件为基础，以应用为核心的发展过程。

电力电子学与电气工程关系密切，其研究对象广泛应用于高压直流输电、静止无功补偿、电力机车牵引、交直流电力传动、电解、电镀、电加热、高性能交直流电源等电气工程领域。由于电力电子技术是弱电控制强电的技术，是弱电和强电的接口，因此电力电子学与控制技术也存在十分密切的关系，表现为：控制技术是弱电和强电接口的强有力纽带，而电力电子装置是控制理论实践的基础和重要的支撑平台。

1.1.3　电力电子技术的发展

电力电子技术的诞生是以1957年美国通用电气公司研制出第一个晶闸管为标志，之后逐渐从以低频技术处理问题为主的传统电力电子技术，向以高频技术处理问题为主的现代电力电子技术方向发展。电力电子技术的发展主要分为两个阶段：

（1）传统电力电子技术（1957～1980年）。该阶段的典型产品为晶闸管及其派生器件。此时，半导体技术逐渐形成微电子学和电力电子技术两大分支。微电子学是以晶体管集成电路为核心的信息处理技术，其特点为集成度越来越高，规模越来越大，功能越来越全。电力电子技术是以晶闸管为核心的电能处理技术，其特点为晶闸管的派生器件越来越多，功率越来越大，性能越来越好。典型电路包括不可控整流电路、相控整流电路、逆变电路以及交流变换电路。

（2）现代电力电子技术（1980年～现在）。该阶段的典型产品为功率场效应管（MOSFET）、绝缘栅双极型晶体管（IGBT）等。与传统技术相比，现代电力电子技术具有集成化、高频化、全控化、数字化等特点。所谓电力电子系统的集成就是将功率器件、电路元件、控制器、传感器及动作开关等集成为一个完整的智能电力电子系统。电力电子系统级的集成目标是建立系列电力电子集成标准模块，形成一个高度集成的、能完成特定功能的、标准的电能处理单位。所谓高频化是指功率半导体器件的开关频率不断提高，如传统的GTO（可关断晶闸管）的工作频率已达1～2kHz，电力二极管的工作频率已达2～5kHz，MOSFET的工作频率已达数百kHz。所谓全控化是指电力电子装置避免了传统器件关断时所需要的强迫换流电路，而逐渐转变为全弱电控制，控制技术全数字化。所谓多功能化是指传统的电力电子电路只有开关功能，多用于整流，而现代电力电子电路不仅具有开关功能，还可以实现放大、调制、振荡、逻辑运算等功能。

1.1.4　电力电子技术的应用

电力电子技术的应用范围十分广泛。它不仅用于一般工业，也广泛用于交通运输、电力系统、通信系统、计算机系统、新能源系统等，在照明、空调等家用电器及其他领域中也有广泛的应用。

（1）在一般工业领域中的应用。大量应用的各种交直流电动机，都是用电力电子装置进行调速的。一些对调速性能要求不高的大型鼓风机等，近年来也采用了变频装置，以达到节能的目的。有些并不特别要求调速的电动机为了避免启动时电流冲击而采用了软启动装置，这种软启动装置也是电力电子装置。电化学、电解铝、电解食盐水、电镀装置等行业所用的大容量直流电源和整流电源等均为电力电子装置。电力电子技术还广泛应用于冶金工业中的高频或中频感应加热电源、淬火电源及直流电弧炉电源等场合。

（2）在交通运输领域的应用。在交通运输领域的应用如电气化铁道和铁道车辆中广泛采用电力电子术（如电气机车中的直流机车中采用的整流装置，交流机车中采用的变频装置）、铁道车辆中广泛使用的直流斩波器。电动汽车的电动机依靠电力电子装进行电力变换和驱动控制，其蓄电池的充电也离不开电力电子装置。一台高级汽车中需要许多控制电动机，它们也要靠变频器，斩波器驱动并控制。在未来的磁悬浮列车中，电力电子技术更是一项关键技术。除牵引电动机传动外，车辆中的各种辅助电源也离不开电力电子技术，飞机、船舶和电梯等也都离不开电力电子技术。

（3）在电力系统领域的应用。长距离、大容量的直流输电在输电领域有很大的优势，其送电端的整流阀和受电端的逆变阀都采用晶闸管变流装置，而轻型直流输电则主要采用全控型的 IGBT 器件。近年发展起来的柔性交流输电（FACTS）也是依靠电力电子装置才得以实现的。晶闸管控制电抗器（TCR）、晶闸管投切电容器（TSC）、静止无功发生器（SVG）、有源电力滤波器（APF）等电力电子装置大量用于电力系统的无功补偿或谐波抑制。在配电网系统，电力电子装置还可用于防止电网瞬时停电、瞬时电压跌落、闪变等，以进行电能质量的控制，改善供电质量。在变电所中，给操作系统提供可靠的交直流操作电源、给蓄电池充电等都需要电力电子装置。

（4）在电子装置用电源领域的应用。各种电子装置一般都需要不同电压等级的直流电源供电。通信设备中的程控交换机所用的直流电源以前用晶闸管整流电源，现在已改为采用全控型器件的高频开关电源。大型计算机所需的工作电源、微型计算机内部的电源现在也都采用高频开关电源。在大型计算机等场合，常常需要不间断电源（Uninterruptible Power Supply, UPS）供电，不间断电源实际就是典型的电力电子装置。

（5）在家用电器领域的应用。电力电子照明电源体积小、发光效率高、可节省大量能源，正在逐步取代传统的白炽灯和日光灯。空调、电视机、音响设备、家用计算机以及不少洗衣机、电冰箱、微波炉等电器也应用了电力电子技术。

（6）在其他领域中的应用。航天飞行器中的各种电子仪器需要电源，载人航天器也离不开各种电源，这些都需采用电力电子技术。抽水储能发电站的大型电动机需要用电力电子技术来启动和调速。超导储能是未来的一种储能方式，它需要强大的直流电源供电，这也离不开电力电子技术。新能源、可再生能源发电，如风力发电、太阳能发电，均需要用电力电子技术来缓冲能量和改善电能质量，当需要和电力系统联网时，更离不开电力电子技术。核聚变反应堆在产生强大磁场和注入能量时，需要大容量的脉冲电源，这种电源就是电力电子装置。科学实验或某些特殊场合，常常需要一些特种电源，这也是电力电子技术的用武之地。

1.2 功率半导体器件概述

电力电子技术的发展离不开功率半导体器件的突破和创新。尽管功率半导体器件的总价一般只占电力电子设备总价的20% ~30%，但它是构成各种电力电子设备的核心，对提高整机装置的各项技术指标和性能起着至关重要的作用。所谓"一代功率半导体器件带动一代电力电子技术"，电力电子技术与功率半导体器件的发展始终是相辅相成的。电力电子技术的实现和不断发展，离不开各类功率半导体器件性能的稳定提高和产品类型的不断创新，所以功率半导体器件制造产业是国民经济发展中基础性的支柱型产业之一。

1.2.1 半导体器件的分类

从本质上讲，功率半导体器件属于半导体器件。目前，半导体器件种类非常繁多，形式日趋多样。它按功率等级角度划分，包括小功率器件、中功率器件和大功率器件等；从制造材料角度划分，包括硅材料器件、锗材料器件、碳化硅器件、氮化镓器件、砷化镓器件等；从工作机理（内部载流子类型）角度划分，包括双极性器件、单极性器件和复合型器件等；从控制方式角度划分，包括不可控器件、半可控器件和全可控器件；从驱动信号性质角度划分，包括电压控制型器件和电流控制型器件两类。

国际电工委员会（IEC）根据各类器件的电流、功率大小和主要应用领域，对半导体器件进行分类，如图1-3所示。其中功率器件主要包括三类器件：整流管、绝缘栅双极晶体管和晶闸管；电信器件主要包括两类器件：信号二极管和射频二极管；功率和电信器件主要包括三类器件：光电器件、双极晶体管和场效应晶体管。功率器件的主要功能是实现电能的变换、调节或开关的执行，其特点为工作结温高、电流大、电压高、功率大和工作频率低。电信器件的主要功能是信号的处理和电力的控制，其特点是工作结温低、电流小、电压低、功率小和工作频率高。IEC 依据电流和功率来划分功率器件和电信器件，其中电流大于 5A 的半导体器件属于功率器件，电流小于 5A 的半导体器件为电信器件；功率大于 10W 的半导体器件为功率器件，功率小于 10W 的半导体器件为电信器件。

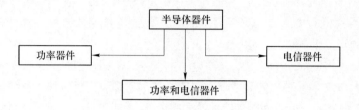

图 1 - 3　IEC 的半导体器件分类

功率器件的特征是所能处理的电功率大小，即其能承受电压和电流值，是其最重要的参数；为了减小本身的损耗，提高效率，一般功率器件都工作在开关状态；构成的电路（通常称为主电路）是由信息电子电路来控制，且需要驱动电路；自身的功率损耗通常远大于信息电子器件，工作时一般都需要安装散热器。

1.2.2　功率半导体器件命名规则

传统功率半导体器件主要有三种封装形式，即平板型器件、螺栓型器件和功率模块。有关功率模块将在后续章节中介绍，这里主要介绍平板型器件和螺栓行器件。

1.2.2.1　平板型器件的命名规则

一般平板型器件的名称主要利用喷码或打标的方式制作在平板型器件的陶瓷外壳上，如图 1 - 4 所示。

(a)

(b)

图 1 - 4　平板型器件外形结构
（a）整流管；（b）晶闸管

在平板型晶闸管命名方式中，国内厂家与国外厂家的命名方式有很大不同，而且国内不同公司的晶闸管产品的命名方式差异也很大。图1-5给出了北京京仪椿树整流器有限责任公司的平板型晶闸管器件的命名方式，如：在管壳上喷印的 KP 200 25 或 KP 200A 2500V 表示 200A/2500V 的普通晶闸管；ZP 200 25 或 ZP 200A 2500V 表示 200A/2500V 的普通整流管；KK 200 25 或 KK 200A 2500V 表示 200A/2500V 的快速晶闸管。在产品样本中，通常以电流值来标定平板产品的类型，如：ZP 200 表示 200A 的普通整流管。

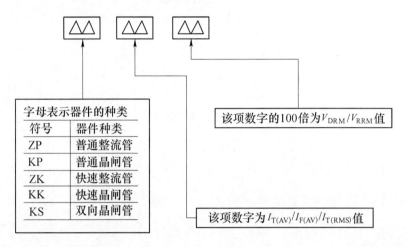

图1-5 北京京仪椿树整流器有限责任公司平板型晶闸管器件的命名方式

1.2.2.2 螺栓型器件的命名规则

与平板型器件相同，螺栓型器件的名称也主要利用喷码或打标的方式制作在陶瓷外壳或金属外壳上，如图1-6所示。

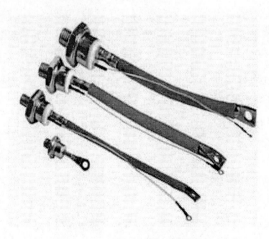

图1-6 螺栓型器件外形结构

　　与平板型晶闸管相同，不同公司生产的螺栓型器件的命名方式差异也很大。图 1-7 给出了北京京仪椿树整流器有限责任公司的螺栓型器件的命名方式，如：ZX 200 25 R 或 ZX 200A 2500VR 表示底座为阳极的 200A/2500V 旋转整流管；ZX 200 25 P 或 ZX 200A 2500VP 表示底座为阴极的 200A/2500V 旋转整流管。在产品样本中，通常以电流值来标定螺栓产品的类型，如：ZX 200 表示 200A 的普通整流管。

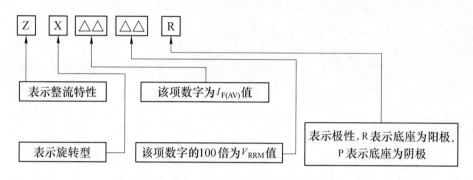

图 1-7　北京京仪椿树整流器有限责任公司螺栓型晶闸器件的命名方式

1.2.3　功率半导体器件的发展

　　在晶闸管出现之前是电子管统治电子领域的时代。1904 年出现了电子管，它能在真空中对电子流进行控制，并应用于通信和无线电，从而开启了电子技术用于电力领域的先河。20 世纪 30～50 年代，水银整流器广泛用于电化学工业、电气铁道直流变电所以及轧钢用直流电动机的传动，甚至用于直流输电。这一时期，各种整流电路、逆变电路、周波变流电路的理论已经发展成熟并广为应用。

　　1958 年美国通用电气（GE）公司研制出世界上第一个工业用普通晶闸管，标志着电力电子技术的诞生，电能的变换和控制从旋转的变流机组和静止的离子变流器进入由功率半导体器件构成的变流器时代，此后功率半导体器件获得快速发展，其发展脉络如图 1-8 所示。到 20 世纪 70 年代中期以前，晶闸管器件已经派生出了快速晶闸管、逆导晶闸管、双向晶闸管、不对称晶闸管等多种半控型晶闸管器件，这些器件被称为第一代功率半导体器件，其芯片常见结构如图 1-9 所示。这类器件通过对门极施加控制信号能够使其导通，而一旦导通之后就不能通过门极控制使它关断，所以这种"半控特性"使得它们的应用范围受到了很大的局限。

　　在 20 世纪 70 年代后期，随着关键技术的突破以及需求的发展，早期的小功率、低频、半控型器件发展到了大功率、高频、全控型器件，即第二代功率半导体器件。全控型器件的特点是，通过对门极（基极或栅极）的控制既可使其开通又可使其关断，这给电能的高效转换和控制提供了极大的方便。采用全控型器件的

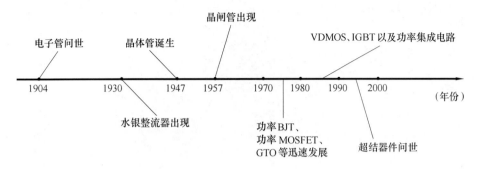

图1-8 功率半导体器件的发展

图1-9 常见晶闸管芯片的结构

电路的主要控制方式为脉冲宽度调制（PWM）方式，该方式又可称为斩波控制方式。这些器件主要有门极可关断晶闸管（GTO，见图1-10a）、功率双极型晶体管（BJT，见图1-10b）和功率场效应晶体管（Power-MOSFET，见图1-11）。

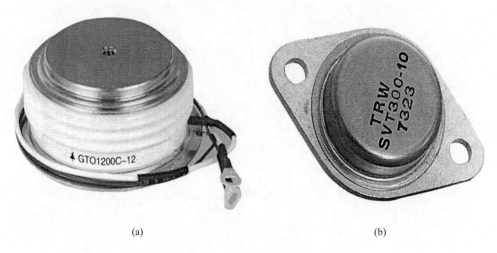

(a)   (b)

图1-10 芯片封装结构

（a）门极可关断晶闸管；（b）功率双极型晶体管

图 1 – 11　功率场效应晶体管

　　20 世纪 80 年代，以绝缘栅极双极型晶体管（IGBT）为代表的复合型功率器件闪亮登场，如图 1 – 12 所示。它是 MOS 型和双极型两类器件的复合，既具有 MOS 类器件电压控制以及驱动功耗小的优点，又兼备双极型器件的大电流导通能力。IGBT 的这些优点使之逐渐成为中高压应用领域主要的器件。此外，该时期发展的复合型功率器件还包括 MOS 控制晶闸管（MCT），它综合了 MOSFET 和GTO 的优点。80 年代另一个重要的发展是功率集成技术。该技术把驱动、控制、保护电路和功率器件全部集成在一起，形成了高压功率集成电路（HVIC，见图1 – 13）和智能功率集成电路。按规模分类，功率集成技术又包括以功率集成电路（Power IC）为代表的单片集成技术、混合集成技术以及系统集成技术。

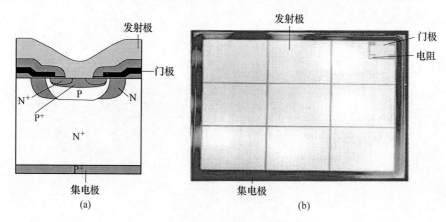

图 1 – 12　IGBT 的结构

（a）IGBT 的纵向结构；（b）IGBT 的芯片形式

图 1 – 13　高压功率集成电路

直到 20 世纪 90 年代，被誉为功率器件新里程碑的超结（Super Junction）器件异军突起。这类被称为"突破硅极限"的器件的耐压层利用了电荷平衡原理。用这种耐压层制作的 MOSFET 的导通电阻相比普通的功率 MOSFET 小了一个数量级，却仍然保持了 MOS 类器件高速和易驱动的优势。因此，它自问世以来始终受到业内的广泛关注。

目前，功率半导体器件正由半控型、全控型器件进入全新的智能型时代。其发展脉络表现出的特点是：一方面原有各新型功率半导体器件额定参数不断提高；另一方面电力电子技术与微电子技术进一步结合，使功率半导体器件朝着大容量、智能化方向迅速发展。

1.3　功率半导体器件的研制水平及主要用途

1.3.1　电力整流管

电力整流管（见图 1 – 14）产生于 20 世纪 40 年代，是功率半导体器件中结构最简单、使用最广泛的一种器件，多用于牵引、充电、电镀等对转换速度要求不高的装置中，目前已形成普通整流管、快恢复整流管和肖特基整流管等三种主要类型。其中普通整流管的特点是：漏电流小、通态压降较高（通常 1.0～2V）、反向恢复时间较长（几十微秒）、可获得很高的电压和电流定额。较快的反向恢复时间（几百纳秒至几微秒）是快恢复整流管的显著特点，但是它的通态压降却很高（1.6～4.0V），主要用于斩波、逆变等电路中充当续流二极管或雪崩二极管。肖特基整流管兼有快的反向恢复时间（几乎为零）和低的通态压降（0.3～0.6V）的优点，不过其漏电流较大、耐压能力低，常用于高频低压仪表和开关电源。目前最好的研制水平为：普通整流管 8000V、5000A、400Hz；快恢复整流管 6000V、1200A、1000Hz；肖特基整流管 1000V、100A、200kHz。

电力整流管对改善各种电力电子电路的性能、降低电路损耗和提高电源使用

图 1 – 14　电力整流管

效率等方面都具有非常重要的作用。随着各种高性能功率半导体器件的出现，开发具有良好高频性能的电力整流管非常必要。目前，人们已通过新颖的结构设计和大规模集成电路制作工艺的运用，研制出集 PIN 整流管和肖特基整流管的优点于一体的具有 MPS、SPEED 和 SSD 等结构的新型高压快恢复整流管。它们的通态压降为 1V 左右，反向恢复时间为 PIN 整流管的 1/2，反向恢复峰值电流为 PIN 整流管的 1/3。

1.3.2　普通晶闸管及其派生器件

　　晶闸管是电力电子器件中传统的功率半导体器件，它已经派生了快速晶闸管、逆导晶闸管、双向晶闸管、不对称晶闸管等半控型器件。晶闸管（SCR）自问世以来，其功率容量提高了近 3000 倍，功率越来越大，性能日益完善。但是晶闸管由于本身工作频率较低（一般低于 400Hz），应用大大被限制。此外，关断这些器件，需要强迫换相电路，使得整体重量和体积增大、效率和可靠性降低。近十几年来，由于自关断器件的飞速发展，晶闸管的应用领域有所缩小，但是由于晶闸管的高电压、大电流特性，它在 HVDC、静止无功补偿（SVC）、大功率直流电源及超大功率和高压变频调速应用方面仍占有十分重要的地位。预计在今后若干年内，晶闸管仍将在高电压、大电流应用场合得到继续发展。目前，国内生产的功率半导体器件仍以晶闸管为主。

　　（1）普通晶闸管。普通晶闸管的外形及管芯结构如图 1 – 15 所示，其已广泛应用于交直流调速、调光、调温等低频（400Hz 以下）领域，运用由它所构成的电路对电网进行控制和变换是一种简便而经济的办法。不过，这种装置的运行会产生波形畸变和降低功率因数，影响电网的质量。现在许多国家已能稳定生产 8kV/4kA 的晶闸管，且美国和欧洲主要生产电触发晶闸管。目前研制的最高水平为 12kV/1kA 和 6500V/4000A。

　　（2）双向晶闸管。双向晶闸管可视为一对反并联的普通晶闸管的集成，常

图 1 - 15 晶闸管单管封装结构及其管芯结构

用于交流调压和调功电路中。正、负脉冲都可触发导通，因而其控制电路比较简单。其缺点是换向能力差、触发灵敏度低、关断时间较长。其水平已超过2000V/500A。

（3）光控晶闸管。光控晶闸管是通过光信号控制晶闸管触发导通的器件，具有很强的抗干扰能力、良好的高压绝缘性能和较高的瞬时过电压承受能力，因而被应用于高压直流输电（HVDC）、静止无功功率补偿（SVC）等领域。日本现在已投产 8kV/4kA 和 6kV/6kA 的光触发晶闸管（LTT，见图 1 - 16）。

图 1 - 16 光控晶闸管

（4）逆变晶闸管。逆变晶闸管因具有较短的关断时间（10～15s），而主要用于中频感应加热。在逆变电路中，它已让位于 GTR、GTO、IGBT 等新器件。目前，其最大容量介于 2500V/1600A/1kHz 和 800V/50A/20kHz 的范围之内。

（5）非对称晶闸管。非对称晶闸管是一种正、反向电压耐量不对称的晶闸管。逆导晶闸管不过是非对称晶闸管的一种特例，是将晶闸管反并联一个二极管制作在同一管芯上的功率集成器件。与普通晶闸管相比，非对称晶闸管具有关断时间短、正向压降小、额定结温高、高温特性好等优点，主要用于逆变器和整流器中。目前，国内厂家可生产 3000V/900A 的非对称晶闸管。

（6）脉冲功率闭合开关晶闸管。脉冲功率闭合开关晶闸管特别适用于传送峰值功率极强（数兆瓦）、持续时间极短（数纳秒）的放电闭合开关应用场合，如激光器、高强度照明、放电点火、电磁发射器和雷达调制器等。该器件能在数千伏的高压下快速开通，不需要放电电极，具有很长的使用寿命、体积小、价格比较低的优点，可望取代目前尚在应用的高压离子闸流管、引燃管、火花间隙开关或真空开关等。其器件的结构和工艺特点是：门 - 阴极周界很长并形成高度交织的结构，门极面积占芯片总面积的 90%，而阴极面积仅占 10%；基区空穴 - 电子寿命很长，门 - 阴极之间的水平距离小于一个扩散长度。上述两个结构特点确保了该器件在开通瞬间，阴极面积能得到 100% 的应用。此外，该器件的阴极电极采用较厚的金属层，可承受瞬时峰值电流。

1.3.3　全控型功率半导体器件

全控型功率半导体器件主要有门极可关断晶闸管、大功率晶体管和功率 MOSFET。

（1）门极可关断晶闸管（GTO）。1964 年，美国第一次试制成功了 500V/10A 的 GTO。在此后的近 10 年内，GTO 的容量一直停留在较小水平，只在汽车点火装置和电视机行扫描电路中进行试用。自 20 世纪 70 年代中期开始，GTO 的研制取得突破，相继出世了 1300V/600A、2500V/1000A、4500V/2400A 的产品，芯片结构如图 1 - 17 所示。GTO 有对称、非对称和逆导三种类型。与对称 GTO 相比，非对称 GTO 通态压降小、抗浪涌电流能力强、易于提高耐压能力（3000V 以上）。逆导型 GTO 是在同一芯片上将 GTO 与整流二极管反并联制成的集成器件，不能承受反向电压，主要用于中等容

图 1 - 17　GTO 芯片外形结构

量的牵引驱动中。传统 GTO 的典型的关断增量仅为 3 ~ 5。GTO 关断期间的不均匀性引起的"挤流效应"使其在关断期间 du/dt 必须限制在 500 ~ 1kV/μs。为此，人们不得不使用体积大、价格贵的吸收电路。另外它的门极驱动电路较复杂和要求较大的驱动功率。但是，高的导通电流密度、高的阻断电压、阻断状态下高的 du/dt 耐量和有可能在内部集成一个反并二极管等突出的优点仍使人们对 GTO 感兴趣。

在当前各种自关断器件中，GTO 容量最大、工作频率最低（1～2kHz）。GTO 是电流控制型器件，因而在关断时需要很大的反向驱动电流；GTO 通态压降大、du/dt 及 di/dt 耐量低，需要庞大的吸收电路。在高压（U_{BR} > 3.3kV）、大功率（0.5～20MVA）牵引、工业和电力逆变器中应用得最为普遍的是门控功率半导体器件。目前，GTO 的最高研究水平为 6in（152.4mm）、6kV/6kA 以及 9kV/10kA。为了满足电力系统对 1GVA 以上的三相逆变功率电压源的需要，未来很有可能开发出 10kA/12kV 的 GTO，并有可能解决 30 多个高压 GTO 串联的技术，可望使电力电子技术在电力系统中的应用方面再上一个台阶。

当前已有两种常规 GTO 的替代品：高功率的 IGBT 模块、新型 GTO 派生器件——集成门极换流 GCT 晶闸管（见图 1-18）。采用晶闸管技术的 GTO 是常用的大功率开关器件，它相对于采用晶体管技术的 IGBT 在阻断电压上有更高的性能，但广泛应用的标准 GTO 驱动技术造成不均匀的开通和关断过程，需要高成本的 du/dt 和 di/dt 吸收电路和较大功率的门极驱动单元，因而造成可靠性下降，价格较高，也不利于串联。GTO 虽然在低于 2000V 的某些领域内已被 GTR 和 IGRT 等所替代，但它在大功率电力牵引中仍有明显优势，今后它也必将在高压领域占有一席之地。但是，在大功率 MCT 技术尚未成熟以前，从 GTO 发展出的 GCT 已经成为高压大功率低频交流器的优选方案。

图 1-18 GCT 管外形结构

（2）大功率晶体管（GTR）。大功率晶体管是一种电流控制的双极双结功率半导体器件，如图 1-19 所示。其产生于 20 世纪 70 年代，额定值已达 1800V/800A/2kHz、1400V/600A/5kHz、600V/3A/100kHz。它既具备晶体管的固有特性，又增大了功率容量，因此由它所组成的电路灵活、成熟、开关损耗小、开关时间短，在电源、电机控制、通用逆变器等中等容量、中等频率的电路中应用广泛。GTR 的缺点是驱动电流较大、耐浪涌电流能力差、易受二次击穿而损坏。在开关电源和 UPS 内，GTR 正逐步被功率 MOSFET 和 IGBT 所代替。

（3）功率 MOSFET。功率 MOSFET 是一种电压控制型单极晶体管，它是通过栅极电压来控制漏极电流的，因而它的显著特点是驱动电路简单、驱动功率小；

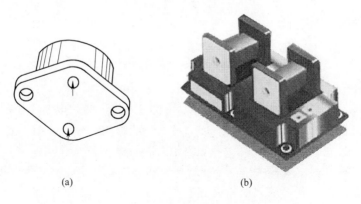

(a)　　　　　　　　　　　　　　　　　(b)

图 1 - 19　大功率晶体管的结构

(a) 单管结构；(b) 模块结构

仅由多数载流子导电，无少子存储效应，高频特性好，工作频率高达 100kHz 以上，为所有功率半导体器件中频率之最，因而最适合应用于开关电源、高频感应加热等高频场合；没有二次击穿问题，安全工作区广，耐破坏性强。功率 MOS-FET 的缺点是电流容量小、耐压低、通态压降大，不适宜运用于大功率装置。目前其制造水平大概是 1kV/2A/2MHz 和 60V/200A/2MHz。

1.3.4　复合型功率半导体器件

复合型功率半导体器件有绝缘门极双极型晶体管、MOS 控制晶闸管、集成门极换流晶闸管、电子注入增强栅晶体管、集成电力电子模块、电力电子积木等。

(1) 绝缘门极双极型晶体管（Insulated Gate Bipolar Transistor, IGBT）。IGBT 是一种 N 沟道增强型场控（电压）复合器件，它属于少子器件类，兼有功率 MOSFET 和双极性器件的优点：输入阻抗高、开关速度快、安全工作区宽、饱和压降低（甚至接近 GTR 的饱和压降）、耐压高、电流大。IGBT 是由美国 GE 公司和 RCA 公司于 1983 年首先研制出的，当时容量仅 500V/20A，且存在一些技术问题。经过几年改进，IGBT 于 1986 年开始正式生产并逐渐系列化。至 20 世纪 90 年代初，IGBT 已开发完成第二代产品。国外的一些厂家如瑞士 ABB 公司采用软穿通原则研制出了 8kV 的 IGBT 器件；德国的 EUPEC 生产的 6500V/600A 高压大功率 IGBT 器件已经获得实际应用，日本公司也已涉足该领域，如 1996 年日本三菱和日立公司分别研制成功 3.3kV/1.2kA 巨大容量的 IGBT 模块等。IGBT 的研制成功为提高电力电子装置的性能，特别是为逆变器的小型化、高效化、低噪化提供了有利条件。

IGBT 可视为双极型大功率晶体管与功率场效应晶体管的复合。通过施加正向门极电压形成沟道，提供晶体管基极电流使 IGBT 导通；反之，若提供反向门极电压则可消除沟道，使 IGBT 因流过反向门极电流而关断。IGBT 集 GTR 通态压降小、载流密度大、耐压高和功率 MOSFET 驱动功率小、开关速度快、输入阻抗高、热稳定性好的优点于一身，因此备受人们青睐。如 IGBT 与常规的 GTO 相比，开关时间缩短了 20%，栅极驱动功率仅为 GTO 的 1/1000。比较而言，IGBT 的开关速度低于功率 MOSFET，却明显高于 GTR；IGBT 的通态压降同 GTR 相近，但比功率 MOSFET 低得多；IGBT 的电流、电压等级与 GTR 接近，而比功率 MOSFET 高。

当今高功率 IGBT 模块中的 IGBT 元胞通常多采用沟槽栅结构 IGBT（Trench IGBT）。IGBT 模块外形图如图 1-20 所示。与平面栅结构相比，沟槽栅结构通常采用 1μm 加工精度，从而大大提高了元胞密度。门极沟道的存在，消除了平面栅结构器件中存在的相邻元胞之间形成的结型场效应晶体管效应，同时引入了一定的电子注入效应，使得导通电阻下降，并为增加长基区厚度、提高器件耐压创造了条件。所以近几年来出现的高耐压大电流 IGBT 器件均采用这种结构。1997年富士电机研制成功 1kA/2.5kV 平板型 IGBT，集电、发射结采用了与 GTO 类似的平板压接结构，采用更高效的芯片两端散热方式，特别有意义的是，避免了大电流 IGBT 模块内部大量的电极引出线，提高了可靠性和减小了引线电感；缺点是芯片面积利用率下降。所以这种平板压接结构的高压大电流 IGBT 模块也可望成为高功率、高电压变流器的优选功率器件。IGBT 有望用于直流电压为 1500V 的高压变流系统中。目前，已研制出的高功率沟槽栅结构 IGBT 是高耐压大电流 IGBT 器件通常采用的结构，它避免了模块内部大量的电极引线，减小了引线电感，提高了可靠性。正式商用的高压大电流 IGBT 器件至今尚未出现，其电压和电流容量还很有限，远远不能满足电力电子应用技术发展的需求，特别是在高压领域的许多应用中，要求器件的电压等级达到 10kV 以上。目前只能通过 IGBT 高压串联等技术来实现高压应用。目前，IGBT 研制水平已达 4500V/1000A。

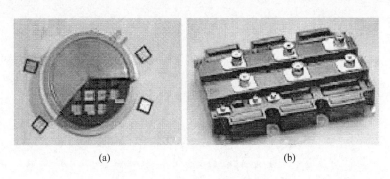

(a)　　　　　　　　　　　　(b)

图 1-20　IGBT 结构

(a) 管芯结构；(b) 模块结构

IGBT 常常封装成功率模块形式。一个 IGBT 功率模块内实际包含很多的 IG-BT 芯片。例如，一个比较典型的 3300V/1200A IGBT 模块中就具有 60 块 IGBT 裸芯片和超过 450 根连线。这些并联的 IGBT 裸芯片固定在同一块陶瓷衬底上，以保证良好的绝缘和导热。这类模块可以非常容易地安装在散热器上。但是，这种封装结构限制了 IGBT 模块只能采取单面冷却，这增加了在大电流条件下造成器件损坏的可能性。由此，进一步发展了陶瓷封装的双面散热 IGBT 模块，这样可以为中压大功率应用中提供与圆盘形密封、双面压接的晶闸管和 GTO 一样的可靠性。

IGBT 由于具有上述特点，在中等功率容量（600V 以上）的 UPS、开关电源及交流电机控制用 PWM 逆变器中，已逐步替代 GTR 成为核心元件。另外，IR 公司已设计出开关频率高达 150kHz 的 WARP 系列 400 ~ 600V IGBT，其开关特性与功率 MOSFET 接近，而导通损耗却比功率 MOSFET 低得多。该系列 IGBT 有望在高频 150kHz 整流器中取代功率 MOSFET，并大大降低开关损耗。IGBT 的发展方向是提高耐压能力和开关频率、降低损耗以及开发具有集成保护功能的智能产品。

（2）MOS 控制晶闸管（MOS – Controlled Thyristor，MCT）。MCT 是一种新型 MOS 与双极复合型器件。MOS 门极控制晶闸管充分地利用晶闸管良好的通态特性、优良的开通和关断特性，可望具有优良的自关断动态特性、非常低的通态电压降和耐高压，成为将来在电力装置和电力系统中有发展前途的高压大功率器件。它采用集成电路工艺，在普通晶闸管结构中制作大量 MOS 器件，通过 MOS 器件的通断来控制晶闸管的导通与关断。MCT 既具有晶闸管良好的关断和导通特性，又具备 MOS 场效应管输入阻抗高、驱动功率低和开关速度快的优点，克服了晶闸管速度慢、不能自关断和高压 MOS 场效应管导通压降大的不足，所以被认为是很有发展前途的新型功率器件。

MCT 最早由美国 GE 公司研制，是由 MOSFET 与晶闸管复合而成的新型器件。每个 MCT 器件由成千上万的 MCT 元组成，而每个元又是由一个 PNPN 晶闸管、一个控制 MCT 导通的 MOSFET 和一个控制 MCT 关断的 MOSFET 组成。MCT 工作于超擎住状态，是一个真正的 PNPN 器件，这正是其通态电阻远低于其他场效应器件的最主要原因。MCT 既具备功率 MOSFET 输入阻抗高、驱动功率小、开关速度快的特性，又兼有晶闸管高电压、大电流、低压降的优点。其芯片连续电流密度在各种器件中最高，通态压降不过是 IGBT 或 GTR 的 1/3，而开关速度则超过 GTR。此外，由于 MCT 中的 MOSFET 元能控制 MCT 芯片的全面积通断，故 MCT 具有很强的导通 di/dt 和阻断 du/dt 能力，其值高达 2000A/s 和 2000V/s。其工作结温亦高达 150 ~ 200℃。MCT 器件的最大可关断电流已达到 300A，最高阻断电压为 3kV，可关断电流密度为 $325A/cm^2$，且已试制出由 12 个 MCT 并联组成的模块。阻断电压达 4000V 的 MCT 已研制出，75A/1000VMCT 已应用于串联谐振变换器。随着性能价格比的不断优化，MCT 将逐渐走入应用领域并有可能取代高压 GTO，与 IGBT 的竞争亦将在中功率领域展开。

目前世界上有十几家公司正在积极开展对 MCT 的研究。MOS 门控晶闸管主要有三种结构：MOS 场控晶闸管（MCT）、基极电阻控制晶闸管（BRT）及射极开关晶闸管（EST）。其中 EST 可能是 MOS 门控晶闸管中最有希望的一种结构。但是，这种器件要真正成为商业化的实用器件，达到取代 GTO 的水平，还需要相当长的一段时间。

在应用方面，美国西屋公司采用 MCT 开发的 10kW 高频串并联谐振 DC – DC 变流器，功率密度已达到 $6.1W/cm^3$。美国正计划采用 MCT 组成功率变流设备，建设高达 500kV 的高压直流输电 HVDC 设备。国内的东南大学采用 SDB 键合特殊工艺在实验室制成了 100mA/100V MCT 样品；西安电力电子技术研究所利用国外进口厚外延硅片也试制出了 9A/300V MCT 样品。

（3）集成门极换流晶闸管（Intergrated Gate Commutated Thyristors，IGCT）。IGCT（见图 1 – 21）是一种用于巨型电力电子成套装置中的新型功率半导体器件。IGCT 是将 GTO 芯片与反并联二极管和门极驱动电路集成在一起，再与其门极驱动器在外围以低电感方式连接，结合了晶体管的稳定关断能力和晶闸管低通态损耗的优点，在导通阶段发挥晶闸管的性能，关断阶段呈现晶体管的特性。IGCT 使变流装置在功率、可靠性、开关速度、效率、成本、重量和体积等方面都取得了巨大进展，给电力电子成套装置带来了新的飞跃。

图 1 – 21 IGCT 晶闸管的外形结构及其保护电路

IGCT 晶闸管是一种新型的大功率器件，与常规 GTO 晶闸管相比，它具有许多优良的特性，例如，不用缓冲电路能实现可靠关断、存储时间短、开通能力强、关断门极电荷少和应用系统（包括所有器件和外围部件如阳极电抗器和缓冲电容器等）总的功率损耗低等。在上述这些特性中，优良的开通和关断能力是特别重要的方面，因为在实际应用中，GTO 的应用条件主要是受到这些开关特性的局限。众所周知，GTO 的关断能力与其门极驱动电路的性能关系极大，当门极关断电流的上升率（di/dt）较高时，GTO 晶闸管具有较高的关断能力。一个 4.5kV/4kA 的 IGCT 与一个 4.5kV/4kA 的 GTO 的硅片尺寸类似，可是它能在高于 6kA 的情况下不用缓冲电路加以关断，它的 di/dt 高达 6kA/μs。对于开通特性，门极开通电流上升率（di/dt）也非常重要，可以借助于低的门极驱动电路的电感轻松实现。IGCT 具有电流大、电压高、开关频率高、可靠性高、结构紧凑、损耗低等特点，而且制造成本低、成品率高，有很好的应用前景。

IGCT 芯片的基本图形和结构与常规 GTO 类似，但是它除了采用了阳极短路型的逆导 GTO 结构以外，主要是采用了特殊的环状门极，其引出端安排在器件的周边，特别是它的门、阴极之间的距离要比常规 GTO 的小得多，所以在门极加以负偏压实现关断时，门、阴极间可立即形成耗尽层。这时，从阳极注入基区的主电流，则在关断瞬间全部流入门极，关断增益为 1，从而使器件迅速关断。有效硅面积小、低损耗、快速开关这些优点保证了 IGCT 能可靠、高效率地用于 300kV · A ~ 10MV · A 变流器，而不需要串联或并联。在串联时，逆变器功率可扩展到 100MV · A。虽然高功率的 IGBT 模块具有一些优良的特性，如能实现 di/dt 和 du/dt 的有源控制、有源钳位，易实现短路电流保护和有源保护等，但因存在着导通高损耗、硅有效面积低利用率、损坏后造成开路以及无长期可靠运行数据等缺点，其在高功率低频变流器中的实际应用受到了限制。因此在大功率 MCT 未问世以前，IGCT 可望成为高功率、高电压、低频变流器的优选功率器件之一。不言而喻，关断 IGCT 时需要提供与主电流相等的瞬时关断电流。这就要求包括 IGCT 门阴极在内的门极驱动回路必须具有十分小的引线电感。实际上，它的门极和阴极之间的电感仅为常规 GTO 的 1/10。

IGCT 的另一个特点是有一个极低的引线电感与管饼集成在一起的门极驱动器。IGCT 用多层薄板状的衬板与主门极驱动电路相接。门极驱电路则由衬板及许多并联的功率 MOS 管和放电电容器组成，包括 IGCT 及其门极驱动电路在内的总引线电感量可以减小到 GTO 的 1/100。

目前，4.5kV（1.9kV/2.7kV 直流链）及 5.5kV（3.3kV 直流链）、275 ~ 3120A 的 IGCT 已研制成功。在国外，瑞典的 ABB 公司已经推出比较成熟的高压大容量 IGCT 产品。在国内，由于价格等因素，目前只有包括清华大学在内的少数几家科研机构在自己开发的电力电子装置中应用了 IGCT。

（4）电子注入增强栅晶体管（Injection Enhanced Gate Transistor, IEGT）。IEGT 是耐压达 4kV 以上的 IGBT 系列功率半导体器件，它通过采取增强注入的结构实现了低通态电压,使大容量功率半导体器件取得了飞跃性的发展。与 IGBT 一样,IEGT 也分平面栅和沟槽栅两种结构,前者的产品即将问世,后者尚在研制中。

IEGT 具有作为 MOS 系列功率半导体器件的潜在发展前景,具有低损耗、高速动作、高耐压、有源栅驱动智能化等特点,以及采用沟槽结构和多芯片并联而自均流的特性,使其在进一步扩大电流容量方面颇具潜力。另外,通过模块封装方式还可提供众多派生产品,在大、中容量变换器应用中被寄予厚望。日本东芝开发的 IECT 利用了"电子注入增强效应",使之兼有 IGBT 和 GTO 两者的优点:低饱和压降、宽安全工作区(吸收回路容量仅为 GTO 的 1/10 左右)、低栅极驱动功率(比 GTO 低两个数量级)和较高的工作频率。器件采用平板压接式电极引出结构,可靠性高。IEGT 之所以有前述这些优良的特性,是由于它利用了"电子注入增强效应"。

与 IGBT 相比,IEGT 结构的主要特点是栅极长度 L_g 较长,N 长基区近栅极侧的横向电阻值较高,因此从集电极注入 N 长基区的空穴,不像在 IGBT 中那样,顺利地横向通过 P 区流入发射极,而是在该区域形成一层空穴积累层。为了保持该区域的电中性,发射极必须通过 N 沟道向 N 长基区注入大量的电子。这样就使 N 长基区发射极侧也形成了高浓度载流子积累,在 N 长基区中形成与 GTO 中类似的载流子分布,从而较好地解决了大电流、高耐压的矛盾。目前该器件已达到 4.5kV/1kA 的水平。

(5)集成电力电子模块(Intergrated Power Elactronics Modules,IPEM)。IPEM 是将电力电子装置的诸多器件集成在一起的模块。它首先将半导体器件 MOSFET、IGBT 或 MCT 与二极管的芯片封装在一起组成一个积木单元,然后将这些积木单元叠装到开孔的高电导率的绝缘陶瓷衬底上,在它的下面依次是铜基板、氧化铍瓷片和散热片。在积木单元的上部,则通过表面贴装将控制电路、门极驱动、电流和温度传感器以及保护电路集成在一个薄绝缘层上。IPEM 实现了电力电子技术的智能化和模块化,大大降低了电路接线电感、系统噪声和寄生振荡,提高了系统效率及可靠性。

(6)电力电子积木(Power Electric Building Block,PEBB)。PEBB 是在 IPEM 的基础上发展起来的可处理电能集成的器件或模块。PEBB 并不是一种特定的半导体器件,它是依照最优的电路结构和系统结构设计的不同器件和技术的集成。虽然它看起来很像功率半导体模块,但 PEBB 除了包括功率半导体器件外,还包括门极驱动电路、电平转换、传感器、保护电路、电源和无源器件。

PEBB 有能量接口和通讯接口。通过这两种接口,几个 PEBB 可以组成电力电子系统,这些系统可以像小型的 DC – DC 转换器一样简单,也可以像大型的分布式电力系统那样复杂。一个系统中 PEBB 的数量可以从一个到任何多个。多个

PEBB 模块一起工作可以完成电压转换、能量的储存和转换、阻抗匹配等系统级功能。PEBB 最重要的特点就是其通用性。

1.4　功率半导体器件模块

电力电子技术主要是由功率半导体器件、电力变流技术和控制技术三部分组成，主要利用功率半导体器件把电能（包括电压、电流、频率、相位和相数）从一种形式变换成另一种形式，亦即把电能从 AC 变成 DC、DC 变成 AC、DC 变成 DC 以及 AC 变成 AC，满足用电设备的各种需要，以达到最佳利用电能的目的。在这种电能变换过程中，采用哪一种功率半导体器件能使变流装置的体积最小、重量最轻、变换效率最高、电路简单、电能品质最好、价格便宜、操作安装方便，从而使变流系统最可靠呢？这是装置设计者长期以来首先要考虑和解决的重要问题，亦是器件设计者长期追求的目标。

早期的电力电子产品由分立元器件（discrete devices）组成，功率器件安装在散热器上，附近安装驱动、检测、保护等印刷电路板（PCB），还有分立的无源元件。用分立元器件制造电力电子产品，设计周期长、加工劳动强度大、可靠性差、成本也高。据美国在 20 世纪 90 年代初统计，在过去十几年内，300A 以下的分立晶闸管、整流二极管以及 20A 以上达林顿晶体管市场占有量已由 90% 下降到 20%，而上述器件的模块却由 10% 上升到 80%，可见模块的发展十分快速。

自 20 世纪 70 年代 Semikron Nurmbeg 把模块原理（当时仅限于晶闸管和整流二极管）引入电力电子技术领域以来，由于模块外形尺寸和安装尺寸的标准化以及芯片间的连线已在模块内部连成，因而它与同容量的分立器件相比，具有体积小、重量轻、结构紧凑、可靠性高、外接线简单、互换性好、便于维修和安装、结构重复性好、装置的机械设计可简化、总价格（包括散热器）低等优点，又因模块化是使电力电子装置的效率、重量、体积、可靠性、价格等技术经济指标进一步改善和提高的重要措施，因此，一开始就受到世界各国功率半导体器件公司的高度重视。各公司投入大量人力和财力，开发出各种内部电连接形式的功率半导体模块，如晶闸管、整流二极管、双向晶闸管、逆导晶闸管、光控晶闸管、可关断晶闸管、电力晶闸管 GTR、MOS 可控晶闸管 MCT、功率 MOSFET 以及绝缘栅双极型晶体管 IGBT 等模块，如图 1 – 22 所示。

所谓模块，最初定义是把两个或两个以上的功率半导体芯片按一定电路连接，用 RTV、弹性硅凝胶、环氧树脂等保护材料，密封在一个绝缘的外壳内，并与导热底板绝缘而成。目前，模块的定义是把两个或两个以上的功率半导体芯片按一定电路连接，并与辅助电路共同封装在一个绝缘的树脂外壳内而制成。

电力电子器件的模块化和集成化，先后经历了功率模块、单片集成式模块、智能功率模块（IPM）等发展阶段。其中功率模块与驱动、保护、控制电路是分

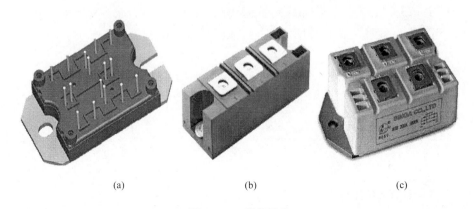

(a)   (b)   (c)

图 1-22   模块结构

(a) IGBT 模块；(b) 整流管模块；(c) 晶闸管模块

立的，而单片集成和 IPM 中的功率器件与驱动、保护、控制等功能集成为一体。模块化的目的是使尺寸紧凑，实现电力电子系统的小型化，缩短设计周期，并减小互连导线的寄生参数等。

1.4.1   晶闸管和整流二极管传统模块

晶闸管和整流二极管模块始于 20 世纪 70 年代初，起初是中小功率晶闸管（电压不大于 1000V，电流不大于 100A）模块。之后，随着模块制造工艺的成熟以及制造模块的相应辅助材料的研发成功，晶闸管模块的容量增大，品种增多。其系列模块的技术现已相当成熟，生产成品率也相当高，使用亦很普遍和成熟，已成为电力调控的重要器件，目前晶闸管模块水平已达 1000A/1600V。晶闸管和整流二极管模块主要指各种电连接的桥臂模块、单相整流桥模块和晶闸管模块。

模块一般有两种形式，即绝缘隔离型和非绝缘隔离型。前者芯片与铜底板之间的绝缘耐压高达 2.5kV 有效值以上，应用对比较灵活，装置设计者可以把一个或多个桥臂模块安装在同一接地的散热器上，连成各种标准的单相或三相全控、半控整流等桥式电路、交流开关或其他各种实用电路，从而大大简化了电路结构，缩小装置体积。后者需有公共阳极和阴极才能使用，因而在使用中有很大局限性，发展较慢。

模块结构按管芯组装工艺和固定方法不同可分为普通焊接结构、压接式结构和 DCB 键合结构三种。它们各有优缺点。普通焊接结构工艺简单，零部件少，因而成本低，但由于焊料的热疲劳，重复功率循环，模块容易造成现场失效。压接式结构虽然解决了热疲劳问题，但由于它结构复杂，零部件多，因而成本高。而 DCB 键合式结构，集中了上述二者的优点，克服了它们的缺点，使之有良好的热疲劳稳定性，可制成大电流和高集成度的功率模块。

图 1 - 23 给出了二极管和晶闸管模块的命名方式。例如，两个普通整流管（90A/1200V），组成共阳极模块，此模块的型号为 MDA90 - 12。

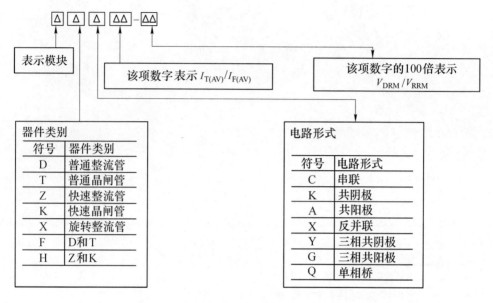

图 1 - 23　二极管和晶闸管模块的命名方式

1.4.2　晶闸管智能模块

目前，晶闸管的制造工艺和设计应用技术已相当成熟，正沿着大功率化和模块化两个方向前进。前者是为高压直流输电（HVDC）、静止无功补偿（SVC）、超大功率高压变频调速以及几十万安培的直流电源领域用的 125mm、8000V 以上晶闸管的稳定生产而开展研发工作；后者是向着体积更小、重量更轻、结构更紧凑、可靠性更高，使用更方便，内部接线电路各异和功能不同的模块化开展技术改进工作。

由于晶闸管是电流控制的功率半导体器件，所以需要较大的脉冲触发功率才能驱动晶闸管，而且它的触发系统电路复杂，体积大，安装调试较难，抗干扰和可靠性较差，制造成本也高，又因其触发系统易产生电磁干扰，难与微机接口，不易实现微机控制。多年来，世界各国围绕如何更加方便、可靠、高效地使用晶闸管展开研究，取得两方面的进展：一是把分立器件芯片按一定电路连成后封装成一般模块，给用户带来一定的使用方便；二是将门极触发系统的部分分立元器件制成专用集成触发电路，简化了触发系统。但是所有这些并未摆脱将晶闸管主电路与门极触发系统分立制作的传统方式，也没有出现过把复杂庞大的触发系统、检测保护系统和大功率晶闸管主电路集成为一体，做成一个体积小，功能完整，并通过一个端口便能实现对三相电力进行调控的晶闸管智能模块（Intelligent Thyristor Power Module，ITPM）。

晶闸管智能模块是把复杂庞大的移相触发系统、控制系统、保护电路以及大功率晶闸管主电路集成为一体，做成体积很小、功能完整的 ITPM，通过一个端口便可实现对电力的控制，使晶闸管控制电力的手段变得非常简单和方便，并大大缩小了变流装置的体积，提高了装置的可靠性，使装置的机械设计简化，维护方便，连线简单。目前，ITPM 已广泛用于交直流电机调速、励磁、电镀、电解、稳压、调温、调光、电机软启动、工业电源、固态动力开关、自动控制、军工、通讯等领域，大大节约了能源和材料，是机电一体化的基础元器件，将满足国民经济日益发展的需要。

1.4.3 IGBT 模块

20 世纪 80 年代初，IGBT 器件的研制成功以及随后其额定参数的不断提高和改进，为高频、较大功率应用范围的扩大起到了重要作用。IGBT 模块（见图 1 - 24）由于具有电压型驱动、驱动功率小、开关速度高、饱和压降低和可耐高电压和大电流等一系列应用上的优点，表现出很好的综合性能，已成为当前在工业领域应用最广泛的功率半导体器件，硬开关频率达 25kHz，软开关频率可达 100kHz。而新研制成的霹雳（Thunder-bolt）型 IGBT，其硬开关频率可达 150kHz，谐振逆变软开关电路中可达 300kHz。

图 1 - 24　IGBT 模块外形

目前，IGBT 封装形式主要有塑料单管和底板与各主电路相互绝缘的模块形式，大功率 IGBT 模块亦有平板压接形式。由于模块封闭形式对设计散热器极为方便，因此，各大器件公司广泛采用。但 IGBT 模块生产工艺复杂，制造过程中要做十几次精细的光刻套刻，并经相应次数的高温加工，因此要制造大面积即大电流的 IGBT 单片，其成品率将大大降低。可是，IGBT 的 MOS 特性，使其更易并联，所以模块封装形式更适合于制造大电流 IGBT。起初由于 IGBT 工艺采用高阻外延片技术，电压很难突破 2kV，因为要制造这样高电压的 IGBT，外延厚度就要超过 200μm，这在技术上很难，且几乎不能实用化。因此，1993 年德国 EU-PEC 公司研制成的 1300A/3200V IGBT 模块，就是由多个 IGBT 芯片串、并联制成。这种组合只是对大电流、高电压模块发展的一种尝试，对工业生产的实用价值不大。1996 年日本多家公司采用（110）晶面的高阻硅单晶制造 IGBT 器件，硅片厚度超过 300μm，使单片 IGBT 的耐压超过 2.5kV。因此，同年东芝公司推出的 1000A/2500V 平板压接式 IGBT 器件就是由 24 个 80A/2500V 的芯片并联组成。1998 年 ABB 公司采用在阳极侧透明 P 发射层和 N 缓冲层结构，使 IGBT 的耐压高达 4.5kV，而该公司同年研发成的 1200A/3300VIGBT 模块就是由 20 个芯片并联制成。此后，非穿通（NPT）和软穿通（SPT）结构 IGBT 的试制成功，使 ICBT 器件具有正电阻温度系数，更易于并联，这为高电压、大电流 IGBT 模块的制造只需并联无需串联创造了技术基础。目前，已能批量生产一单元、二单元、四单元、六单元和七单元的 IGBT 标准型模块，其最高水平已达到 1800A/4500V。

　　IGBT 芯片的集电极和快恢复二极管的阴极都直接焊在 DCB 板陶瓷基板上，然后用铜电极引出，DCB 基板再与铜底板相焊，以便散热。IGBT 的发射极、栅极以及快恢复二极管的阳极都用铝丝键合在 DCB 板上，然后再用铜电极引出，模块采用 RTV 硅橡胶、硅凝胶和环氧树脂密封保护，又加芯片本身 PN 结已有玻璃钝化保护，因此，能达到防潮、防振、防有害气体侵袭的目的，使模块性能稳定可靠。但是，这种把 IGBT 芯片焊在一个平面上，芯片之间采用超声键合或热压焊的方法相连，由于器件在高 di/dt 和 du/dt 下进行开和关，很容易产生高的电磁场，导致键合线（铝丝）之间由于邻近效应，电流在导线内分布不均匀，并产生寄生振荡和噪声，进而导致键合线损坏，或使键合点脱落，造成 IGBT 模块失效。为此，已研制出在钼片表面镀合一层铝，钼面与 IGBT 或快恢复二极管相焊，而铝丝键合在钼片表面的键合铝层上，以降低键合处的应力，进一步改善了 IGBT 模块工作的可靠性。但是随着模块频率的提高和功率的增大，内部寄生电感较大的一般 IGBT 模块结构，已不能适应应用的需要。

　　为了降低模块内部的装配寄生电感，使器件在开关时产生的过电压最小，以适应调频大功率 IGBT 模块封装的需要，ABB 公司开发出一种平面式低电感模块（ELIP）的新结构，该结构与一般传统结构的主要区别在于：

　　（1）它采用很多宽而薄的铜片重叠形成发射极端子和集电极端子，安装时与模块铜底板平行，并采用等长平行导线直接从 IGBT 发射极连到发射极端子上，而集电极端子则连到 DBC 板空间位置上，从而消除了互感，限制了邻近效应，降低了内部寄生电感量。

　　（2）许多并联的 IGBT 和 FWD 芯片都焊在无图形的 DBC 板上，且 IGBT 的发射极和 FWD 的阳极上焊有钼缓冲片，IGBT 的栅极与栅极均流电阻铝丝键合相连，这样使芯片间的电流分布和整流电压条件一致，有利于模块芯片能在相同温度下工作，大大提高了模块出力和可靠性。

　　（3）模块采用堆积式设计，把上下绝缘层、上下电极端子以及印制电路板相互叠放，并用黏合胶黏合在一起（黏合时要避免气泡），能很好地随温度循环，无需考虑所谓焊接应力，即所谓的电极"S"形设计。

1.4.4 智能功率模块

智能功率模块（Intelligent Power Module，IPM）不仅把功率开关器件和驱动电路集成在一起，而且内部还集成有过电压、过电流和过热等故障检测电路，并可将检测信号送到 CPU，其外形如图 1-25 所示。它由高速低功耗的管芯和优化的门极驱动电路以及快速保护电路构成，即使发生负载事故或使用不当，也可以保证 IPM 自身不受损坏。IPM 一般使用 IGBT 作为功率开关元件，内部集成电流传感器及驱动电路的集成结构。IPM 以其高可靠性、使用方便赢得越来越大的市场，尤其适合于驱动电机的变频器和各种逆变电源，是变频调速、冶金机械、电力牵引、伺服驱动、变频家电非常理想的一种电力电子器件。

图 1-25　IPM 模块外形

IPM 与以往 IGBT 模块及驱动电路的组件相比具有如下特点：

（1）内含驱动电路。设定了最佳的 IGBT 驱动条件，驱动电路与 IGBT 间的距离很短，输出阻抗很低，因此，不需要加反向偏压。所需电源为下桥臂 1 组，上桥臂 3 组，共 4 组。

（2）内含过电流保护（OC）、短路保护（SC）。由于是通过检测各 IGBT 集电极电流实现保护的，故不管哪个 IGBT 发生异常，都能保护，特别是下桥臂短路和对地短路的保护。

（3）内含驱动电源欠电压保护（UV）。每个驱动电路都具有 UV 保护功能。当驱动电源电压 UCC 小于规定值 UV 时，产生欠电压保护。

（4）内含过热保护（OH）。OH 是防止 IGBT、FRD（快恢复二极管）过热的保护功能。IPM 内部的绝缘基板上没有温度检测元件，可实现对绝缘基板温度 T_{coh} 的检测，对于芯片的异常发热能高速实现 OH 保护。

（5）内含报警输出（ALM）。ALM 是向外部输出故障报警的一种功能，当 OH 及下桥臂 OC、T_{coh}、UV 保护动作时，通过向控制 IPM 的微机输出异常信号，能切实停止系统。

（6）内含制动电路。和逆变桥一样，内含 IGBT、FRD 驱动，通过外接制动电阻可以方便地实现能耗制动。

1.4.5　用户专用电力模块

为了提高整个系统的可靠性，以适应电力电子技术向高频化、小型化、模块化方向发展，同时也为适应计算机、通讯、空间技术以及各种大容量的工业电力变流装置和电动机驱动要求，在 IPM 的基础上再增加一些逆变器的功能，使逆变电路（IC）的所有器件以芯片形式封装在一个模块中，成为用户专用电力模块（ASPM），这样的模块更有利于高频化、高集成化、智能化、标准化。ASPM 是把变流装置所有硬件尽量集成在同一芯片上，如把逆变装置的整流器、逆变器的 IGBT 和 FWD、制动 IGBT 以及快速二极管集成在一个芯片上，使之不再有额外的引线连接。目前市场上已大量供应作小功率电机控制用的 0.1 ～ 1.5kW ASPM 模块。一台 7.5kW 电机变频装置 ASPM 模块，其体积仅为 600mm × 400mm × 250mm，体积小，重量轻，装置成本低，寄生电感小，并大大提高高频变流装置的可靠性。21 世纪被称作"Allinone"的 ASPM 模块将越来越普及。

1.4.6　集成电力电子模块

技术上要把几百安、几千伏的功率半导体器件与逻辑电平仅为几伏、几毫安的集成电路集成在同一硅芯片上非常困难。为了能使逻辑电平为几伏、几毫安的集成电路 IC 与几百伏、几千伏的功率半导体器件相集成，以满足电力事业的发展，人们采用混合封装方法制造出能适应于各种场合的集成电力电子模块（IPEM）。采用混合封装形式的集成电力电子模块非常合适和经济，三维多层结构的集成技术，可大大扩大 IPEM 的功率范围，图 1 – 26 所示为分层多芯片 IPEM

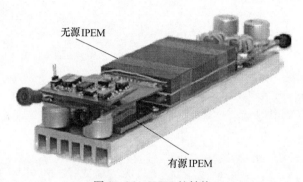

图 1 – 26　IPEM 的结构

的结构。图中 IGBT 等器件制成可安装的管芯形式，它们被安装在具有高导热率且绝缘的衬底板上，利用独特的电通路来实现各器件的互联。IPEM 的控制电路、栅极缓冲器、电流和温度传感器、电平位移电路和保护电路，都利用表面贴装元件安装在已烧制好的普通陶瓷片上，一个微处理控制器与 IPEM 接口提供所需的控制功能，这种以高集成度为特色的混合结构，结合无源元件的电磁集成，采用新型材料、热控技术以及谐振软开关技术所制成的 IPEM 为新世纪电力电子技术的发展开辟了新途径。

1.5 功率半导体器件展望

目前，功率半导体器件已有 80 多年的发展历史，展望功率半导体器件的发展历程不难发现：每一代新型功率半导体器件诞生后，都会引起工业界一次技术大发展。截至目前，功率半导体器件及其应用装置已日益广泛地应用和渗透到能源、交通运输、环境、先进装备制造、激光、航空航天及航母、舰船、坦克、第 5 代战机、激光炮、电磁炮等诸多重要领域。这与近 30 多年来功率半导体器件与电力电子技术的飞速发展和电力电子的重要作用密切相关。第二次世界大战后，特别是 20 世纪 80 年代以后，电子技术（包括：半导体、微电子技术；计算机、通信技术；电力电子技术等）的飞速发展，给世界科学技术、经济、文化、军事等各方面带来了革命性的影响。概括地说，电子技术包含信息电子技术和电力电子技术两大部分。信息电子技术（包括微电子、计算机、通信等）实施信息传输、处理、存储和产生控制指令；电力电子技术实施电能的传输、处理、存储和控制。电子技术不但要保障电能安全、可靠、高效和经济地运行，而且还要将能源与信息高度地集成在一起。如果用人体组成来比喻的话，信息电子相当于人的大脑和神经中枢，负责思考和指挥；而电力电子则相当于人体的心血管系统和四肢，负责为人体活动提供能量和承担执行的功能，二者缺一不可，不能互相代替。

事实表明，无论是电力、机械、矿冶、交通、石油、能源、化工、轻纺等传统产业，还是通信、激光、机器人、环保、原子能、航天等高技术产业，都迫切需要高质量、高效率的电能。而电力电子能将各种一次能源高效率地变为人们所需的电能。它是实现节能环保和提高人民生活质量的重要手段，已成为弱电控制与强电运行之间、信息技术与先进制造技术之间、传统产业实现自动化、智能化改造和兴建高科技产业之间不可缺少的重要桥梁。所以，电力电子是我国国民经济的重要基础技术，是现代科学、工业和国防的重要支撑技术。时至今日，无论高技术应用领域还是传统产业，特别是我国一些重大工程（三峡、特高压、高铁、西气东输等），甚至照明、家电等量大面广的与人民日常生活密切相关的应用领域，电力电子产品已经无所不在。表 1-1 列出各主要应用领域必须用到的关键电力电子应用装置（系统）。

表 1-1　主要应用领域中关键电力电子应用装置（系统）

应用领域	关键的电力电子应用装置（系统）
先进能源	大功率高性能 DC/DC 变流器、大功率风力发电机的励磁与控制器、风力发电用永磁发电机变频调速装置、大功率并网逆变器、储能装置等
电力	高压直流输电系统（包括海上风力发电用岸上轻型高压直流输电装置等）、灵活交流输电系统（包括静止无功补偿器、静止无功发生器、潮流调节器等）、有源电力滤波器、动态电压补偿器、电力调节器、电子短路限流保护器等
重大、先进装备制造	大功率变流器及其控制系统，大功率高精度可程控交、直流电源系统，高精度数控机床的驱动和控制系统，快中子堆，磁约束核聚变用高精度电源等
交通运输	大功率牵引、变频调速装置及系统控制器，电力牵引供电系统电能质量控制装置和通信系统
激光	超大功率脉冲电源
航空航天	400Hz 大功率供电系统，高效、高可靠性驱动器、推进器和电源，全电化机载综合电力系统
舰船	高可靠的分布式供电系统，高效、高可靠性驱动器、推进器和电源，全电化机载综合电力系统
现代武器装备	高速鱼雷发射器电源，电磁炮、大功率激光武器驱动、电源，大功率固态发射机等
环境保护、前沿科学研究	高压脉冲电源及其控制系统、特种大功率电源及其控制系统等

　　能量的合理利用、电气系统的微型化及电源智能管理促进了电力电子近50 年的革命性发展。而新型功率半导体器件的出现，总是带来一场电力电子技术的革命。功率半导体器件就好像现代电力电子装置的心脏，虽然它在整台装置中的价值通常不会超过总价值的 20% ~ 30%，但是，它对装置的总价值、尺寸、重量、动态性能、过载能力、耐用性及可靠性等，起着十分重要的作用。因此，新型功率半导体器件及其相关新型半导体材料的研究，一直是电力电子领域极为活跃的主要课题之一。可以这么说：没有各种现代功率半导体器件，就没有现代电力电子装置及其应用；没有日益扩大的电力电子应用市场需求强烈的推动和促进，也不会出现今天现代功率半导体器件的蓬

勃发展的局面。

1.5.1 功率半导体器件功率变换能力的不断提升

一个理想的功率半导体器件，应当具有下列理想的静态和动态特性：在阻断状态，能承受高电压；在导通状态，能导通高的电流密度并具有低的导通压降；在开关状态和转换时，具有短的开、关时间，能承受高的 di/dt 和 du/dt，具有低的开关损耗；运行时具有全控功能和良好的温度特性。随着应用领域的不断扩展，一方面要求功率半导体器件可以阻断更高的电压和导通更大的电流能力，另一方面要求功率半导体器件的开关速度不断提高。当前，硅基功率半导体器件的水平基本上稳定在 $10^9 \sim 10^{10}\,\text{W} \cdot \text{Hz}$，已逼近了由于寄生二极管制约而能达到的硅材料极限，如图 1-27 所示。

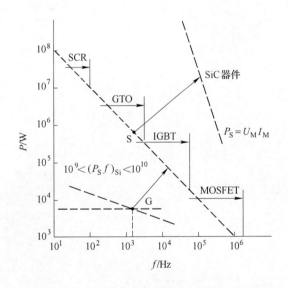

图 1-27 功率半导体器件的功率频率乘积和
相应半导体材料极限

不难理解，更高电压、更好开关性能的功率半导体器件的出现，使在大功率场合不必要采用很复杂的电路拓扑，这样就有效地降低了装置的故障率和成本。图 1-28 所示为功率半导体器件的发展历史。图 1-29 概括了当前市场上最主要的功率半导体器件及其对应的电压和电流等级，图中括号内的英文为生产厂家的名称。

在过去二十几年间，基于功率 MOSFET、IGBT 和智能功率模块的迅速发展，电力电子装置的功率密度也随之得到了显著的提高，如图 1-30所示。

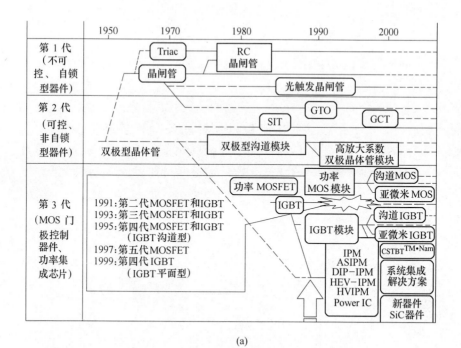

(a)

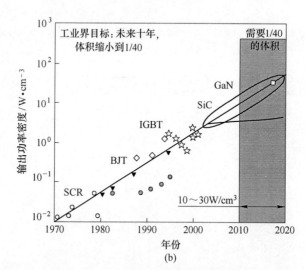

(b)

图 1-28　功率半导体器件发展历史

（a）电力电子器件发展时间图；（b）电力电子器件输出功率的发展变化

1.5.2　新材料功率半导体器件

当前，传统的硅基功率半导体器件已经逼近了由于寄生二极管制约而能达到

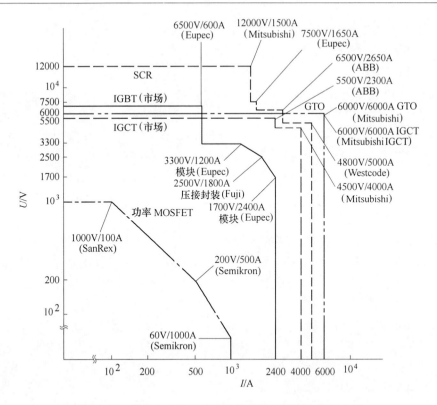

图1-29　市场上主要功率半导体器件的额定电压与电流

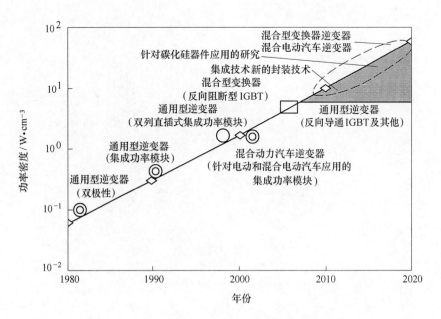

图1-30　中功率电力电子装置功率密度的提高

的硅材料极限。为突破目前的器件极限，有两大技术发展方向：一是采用各种新的器件结构；二是采用宽能带间隙材料的半导体器件，如碳化硅（SiC）或氮化镓（GaN）器件。

1.5.2.1　碳化硅（SiC）器件

碳化硅材料相比于硅材料来说具有许多重要的特性，如更高的击穿电场强度 $2 \sim 4MV/cm$、最高结温可达 $600℃$ 等。众所周知，半导体材料的特性对其构成的电子器件表现起着至关重要的作用。利用适当的优良指数可以对 SiC 和 Si 以及其他的普通半导体的理论特性进行比较。图 1-31 所示为以 Si 材料为归一基准的各种半导体材料的各种优良指数比较：其中 Johnson 优良指数（JFM）表示器件高功率、高频率性能的基本限制；KFM 表示基于晶体管开关速度的优良指数；质量因子 1（QF$_1$）表示功率半导体器件中有源器件面积和散热材料的优良指数；QF$_2$ 表示理想散热器下的优良指数；QF$_3$ 表示对散热器及其几何形态不加任何假设状况下的优良指数；Baliga 优良指数（BHFM）表示器件高频应用时的优良指数。图 1-31 表明，SiC 材料具有比 Si 材料优良的综合特性。高压 Si 器件通常用于结温在 $200℃$ 以下的情况，阻断电压限制在几千伏。由于较宽的能带隙，SiC 拥有较高的击穿电场和较低的本征载流子浓度，这都使得 SiC 器件能在高电压、高温下工作。SiC 还由于有较高的饱和迁移速度和较低的介电系数，使得 SiC 器件具有好的高频特性。

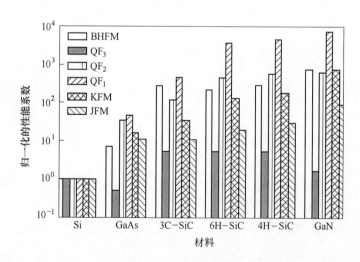

图 1-31　不同半导体材料的各种优良指数比较

近年来，作为一种新型的宽禁带半导体材料，碳化硅因其出色的物理及电特性，越来越受到产业界的广泛关注。碳化硅功率半导体器件的重要系统优势在于具有高压（达数十千伏）高温（大于 $500℃$）特性，突破了硅基功率半导体器件电压（数千伏）和温度（小于150℃）限制所导致的严重系统局限性。随着碳化硅材料技术的进步，各种碳化硅功率半导体器件被研发出来，由于受成本、产量以及可靠性的影响，碳化硅功率半导体器件率先在低压领域实现了产业化，目前的商业产品电压等级在 600～1700V。随着技术的进步，高压碳化硅器件已经问世，并持续在替代传统硅器件的道路上取得进步，如图 1-32 所示。目前已经研发出了 19.5kV 的碳化硅二极管，3.1kV 和 4.5kV 的门极可关断晶闸管（GTO），10kV 的碳化硅 MOSFET 和 13～15kV 碳化硅 IGBT 等。碳化硅器件已经在诸如高电压整流器以及射频功率放大器等领域有了商业应用。它们的研发成功以及未来可能的产业化，将在高压领域开辟全新的应用。在过去的 15 年中，碳化硅器件在材料和器件质量方面均取得了令未来应用市场瞩目的飞速发展。然而，目前碳化硅晶体缺陷和碳化硅晶片的高昂成本是其在功率半导体器件上应用的一个主要制约因素，要生产电流和电压范围适用于中压驱动应用场合的器件的碳化硅材料和器件目前还相当困难。尽管如此，碳化硅还是将来代替硅材料的最有前途的材料。

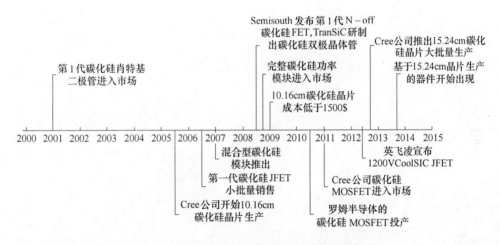

图 1-32　SiC 半导体材料和器件的发展过程

　　如前所述，SiC 具有高的击穿电场强度，因此，即使在比 Si 或 GaAs 更加薄（约为它们的 1/10）的漂移层，SiC 也能承受较高的电压，因而具有较低的导通电阻。SiC 肖特基二极管已接近于 4H-SiC 单极性器件的极限，耐压已到达 600V，目前这类产品正被 Infineon 和 Cree 等公司投入商业生产。SiC 肖特基二极管能有效避免反向恢复问题，从而降低了二极管的开关功率损耗，使得该器件能应用在开关频率较高的电路中。

　　在 600～3300V 阻断电压范围，SiC 结势垒肖特基二极管（JBS）是较好的选择。JBS 二极管结合了肖特基二极管所拥有的出色的开关特性和 PN 结二极管所拥有的低漏电流的特点。但是，SiC JBS 二极管的处理工艺技术比 SiC 肖特基二极管要更加复杂。表 1-2 和图 1-33 罗列了近来各类 SiC 二极管的各项性能比较。

表 1-2　SiC 二极管的通态电阻及阻断电压

器　件	U_{BD}/kV	$R_{on}/m\Omega \cdot cm^2$	$\dfrac{U_{BD}^2}{R_{on}}/MW \cdot cm^{-2}$
肖特基势垒二极管	4.9	43.0	558
结型势垒二极管	2.8	8.0	980
PIN 二极管	19.5	65.0	5850
	4.5	42.0	482
	2.9	8.0	1051
肖特基势垒二极管	10.0	97.5	1025
	4.2	9.1	1938
结型势垒二极管	1.0	3.0	333

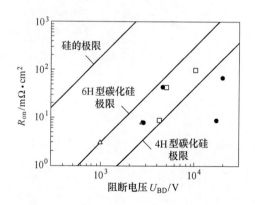

图 1-33　各类 SiC 二极管的通态电阻与阻断电压关系
●—雪崩二极管；□—肖特基二极管；△—结型二极管

　　PN 结二极管在 3~4kV 以上的电压范围具有优势，其由于内部的电导调制作用而呈现出较低的导通电阻。Cree 公司曾报道过一种在电流密度为 100A/cm²，阻断电压为 19.5kV 的 PN 结二极管，其正向压降仅为 4.9V，这显然都得益于电导调制作用。这种超高压二极管在诸如高直流电压输电等众多场合中具有潜在的应用价值。然而，甚高压二极管一般主要应用于电流在 100A 以上的情况。这就要求芯片面积在 1cm² 等级范围内。考虑到 SiC 晶片衬底存在的诸如微管、螺旋、边缘位错和低角度晶界等晶体缺陷问题，此类甚高压二极管的商业化生产必须在解决了前述这些晶体缺陷问题后才有可能。

1.5.2.2 氮化镓（GaN）功率半导体器件

图 1 – 31 关于不同半导体材料的各种优良指数比较表明，GaN 与 SiC 一样，与硅材料相比具有许多优良特性，但是由于它最初必须用蓝宝石或 SiC 晶片作衬底材料制备，限制了其快速发展。后来，在 LED 照明应用市场的有力推动下，GaN 异质结外延工艺技术的发展产生了质的飞跃，2012 年 GaN – on – Si 外延片问世，为 GaN 材料及器件大幅度降低成本开辟了广阔的道路，随之 GaN 功率半导体器件也得到业界热捧。图 1 – 34 所示为 GaN 半导体材料和器件发展过程。图 1 – 35 所示为 GaN – on – Si 功率半导体器件的市场预测。

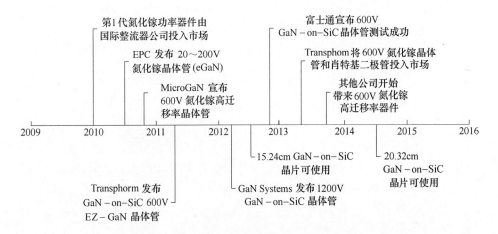

图 1 – 34　GaN 半导体材料和器件发展过程

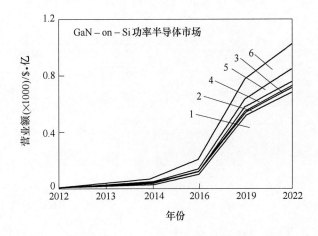

图 1 – 35　GaN – on – Si 功率半导体器件市场预测

1—电源；2—不间断电源；3—混合与电动汽车；4—工业电机驱动；5—光伏逆变器；6—其他应用

　　由于 GaN 器件只能在异质结材料上制造，所以其只能制作横向结构的功率半导体器件，耐压很难超过 1kV，因此在低压应用要求较苛刻的场合可能会与硅基功率半导体器件形成竞争态势。图 1-36 所示为从事 GaN 器件研发人士的角度出发对未来 GaN 功率半导体器件发展的预测。

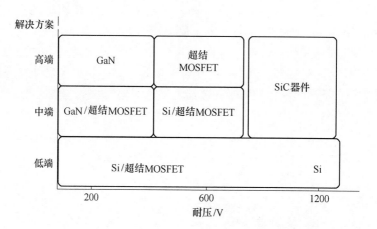

图 1-36　对未来 GaN 功率半导体器件发展的预测

　　从目前发展情况来看，最有前途的 GaN 功率半导体器件是增强型氮化镓功率 MOSFET（enhancement - mode GaN（eGaN）MOSFET）。它的结构如图 1-37 所示，可见其与横向 Si MOSFET 结构完全相同，但 GaN 由于更加优异的电气特性，可望在中高端应用中对 Si COOLMOS 造成挑战。用 eGaN MOSFET 及用 Cool MOS 制成的 DC/DC 变流器电源电压 - 效率 - 工作频率比较如图 1-38 所示，在 48V 供电电压下，在 300~800kHz 频率范围用 eGaN MOSFET DC/DC 变流器效率可以提升 6%~8%。

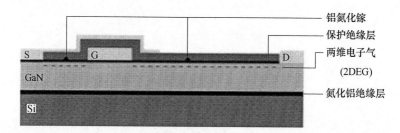

图 1-37　GaN - on - Si 增强性氮化镓功率 MOSFET 的结构

1.5.3　关于现代功率半导体器件发展趋势的几点看法

　　以硅晶闸管为代表的半控型器件已达到 7×10^7 W/9000V 的水平，各种类型

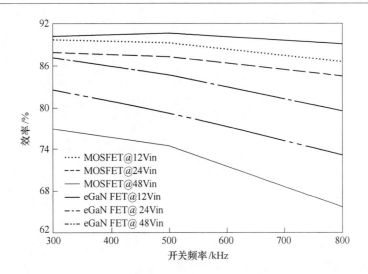

图 1-38 eGaN MOSFET Cool MOSFET 制成的 BuckDC/DC
变流器电源电压-效率-工作频率比较

的晶闸管已经广泛、成功地用于许多传统晶闸管应用及高压直流输电和无功补偿等领域。虽然它受到了全控器件应用的冲击，但由于它技术的成熟性和价格优势，今后仍旧有较好的市场前景，特别在高电压、大电流应用场合还会得到继续发展。以功率 MOSFET、IGBT 和 GTO（包括 IGCT）为代表的全控器件也发展到了十分高的水平。当前，硅基功率半导体器件的水平已基本上稳定在 $10^9 \sim 10^{10}$ W·Hz，逼近了由于寄生二极管制约而能达到的 Si 材料极限。它们的飞速发展使当今无论是高技术应用领域，还是传统产业，特别是一些重大工程（三峡、特高压、高铁、西气东输等），乃至照明、家电等量大面广的与人民日常生活密切相关的应用领域，电力电子产品都无所不在，电力电子已经成为国民经济的重要基础技术，是现代科学、工业和国防的重要支撑技术。这些硅基全控型功率半导体器件本身的技术、制造工艺发展空间虽然已经不太大了，可是它们的待开发的应用空间仍旧十分广阔，应用市场前景无限好。

SiC 和 GaN 宽禁带功率半导体器件代表着功率半导体器件领域发展方向，材料和工艺都存在许多问题有待解决，但即使这些问题都得到解决，它们的价格肯定还是比硅基贵。由于它们的优异特性可能主要用于中高端应用，与硅全控器件不可能全部取代硅半控器件一样，SiC 和 GaN 宽禁带功率半导体器件在将来也不太可能全面取代硅功率 MOSFET、IGBT 和 GTO（包括 IGCT）。从长远看，有可能形成如下一种格局：SiC 功率半导体器件将主要用于 1200V 以上的高压工业应用领域；预计到 2019 年，硅基 GaN 的价格可能下降到可与硅材料相比拟的水平，GaN 功率半导体器件将主要用于 900V 以下的消费电子、计算机/服务器电源应用领域。

2 功率半导体器件工作原理、特性及主要参数

2.1 功率半导体器件的工作状态

功率半导体器件（Power Electronic Device）是可直接用于处理电能的主电路中，实现电能的变换或控制的电子器件。广义上，功率半导体器件可分为电真空器件（Electron Device）和半导体器件（Semiconductor Device）两类。自 20 世纪 50 年代以来，真空管（Vacuum Valve）仅在频率很高（如微波）的大功率高频电源中使用，而功率半导体器件已取代了汞弧整流器（Mercury Arc Rectifier）、闸流管（Thyratron）等电真空器件，成为绝对主力。因此，功率半导体器件目前主要指功率半导体器件。功率半导体器件按其受控制电路信号控制的程度，可分为三类：半控型器件（控制信号可以控制其导通，但不能控制其关断的器件，如晶闸管）、全控型器件（控制信号既可以控制其导通又可以控制其关断的器件，如 IGBT）和不可控器件（不能用控制信号来控制其导通和关断，因此也就不需要驱动电路）。

2.1.1 功率半导体器件的工作特征

电力电子是现代科学、工业和国防的重要支撑技术，功率器件是电力电子技术的核心和基础，其应用是电力电子技术发展的驱动力。功率半导体器件及其应用装置已日益广泛地应用和渗透到能源、交通运输、环境、先进装备制造、激光、航空航天及航母、舰船、坦克、第 5 代战机、激光炮、电磁炮等诸多重要领域。可以这么说：没有各种现代功率半导体器件，就没有现代电力电子装置及其应用；没有日益扩大的电力电子应用市场需求强烈的推动和促进，也不会出现今天现代功率半导体器件的蓬勃发展的局面。随着功率半导体器件应用领域的拓展，新型功率半导体器件层出不穷，但其也具有一些共性特征，具体如下：

（1）较大的功率运载能力。承受电压和电流的能力是这类器件最重要的参数。功率半导体器件处理的电功率小至毫瓦级，大至兆瓦级，大多都远大于用于信息处理的电子器件。

（2）工作在开关状态。导通时，功率半导体器件处于开通状态，即通态，此时其阻抗很小，其作用接近于短路，管压降接近于零，流经器件的电流由外电路决定；阻断时，功率半导体器件处于关断状态，即断态，此时其阻抗很大，其

作用接近于断路，流经器件的电流几乎为零，器件两端的电压由外电路决定。

功率半导体器件的动态特性描述功率半导体器件由通态转变为断态或由断态转变为通态的性质，也称为开关特性。它是功率半导体器件很重要的特性，有时甚至成为功率半导体器件的第一重要特性。由于功率器件的工作状态与开关类似，所以一般进行电路分析时，往往用理想开关来代替功率半导体器件。

（3）功率半导体器件工作过程往往需要驱动电路。在主电路和控制电路之间，需要一定的中间电路对控制电路的信号进行放大，这就是功率半导体器件的驱动电路。对电力电子装置而言，驱动电路是主电路与控制电路之间的接口。在电力电子回路中，驱动电路的基本任务为按控制目标的要求对功率半导体器件施加开通或关断的信号，如对半控型器件提供开通控制信号，对全控型器件提供开通和关断控制信号。驱动电路的作用是使功率半导体器件工作在较理想的开关状态，缩短开关时间，减小开关损耗；提高电力电子装置的运行效率、可靠性和安全性。功率半导体器件运行过程中的一些电压和电流保护措施，也往往通过驱动电路实现。

（4）功率半导体器件在使用过程中需要考虑散热问题。在功率半导体器件导通时，器件上有一定的通态压降，形成通态损耗；在功率半导体器件阻断时，器件上有微小的断态漏电流流过，形成断态损耗。在功率半导体器件开通或关断的转换过程中会产生开通损耗和关断损耗，总称开关损耗。为保证器件工作过程中不至于因功率损耗诱发器件温度过高而损坏，功率半导体器件在生产和应用过程中均应考虑散热问题，如在器件封装结构上讲究散热设计；在功率半导体器件工作过程中一般都需安装散热器。通常功率半导体器件的断态漏电流极小，因而通态损耗是器件功率损耗的主要部分。器件开关频率较高时，开关损耗会随之增大而可能成为器件功率损耗的主要因素。对某些功率半导体器件来讲，驱动电路向其内部注入的功率也是造成器件发热的原因之一。

2.1.2 功率半导体器件应用系统的组成

如图 2-1 所示，电力电子系统由控制电路、驱动电路和以功率半导体器件为核心的主电路组成。

控制电路的主要作用是按系统的工作要求形成控制信号，并通过驱动电路去控制主电路中功率半导体器件的开通或关断，来完成整个系统的功能。

在一些电力电子系统中，往往还需要有检测电路。广义上一般将检测电路和驱动电路等主电路之外的电路都归为控制电路，因此粗略地说电力电子系统是由主电路和控制电路组成的。

主电路中的电压和电流一般都较大，而控制电路的元器件只能承受较小的电压和电流，因此为了避免高电压、大电流损坏控制电路，驱动电路除了要放大控

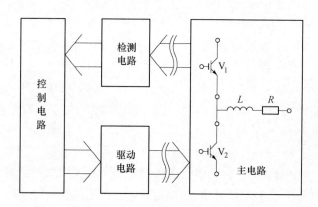

图 2 - 1　功率半导体器件在实际应用中的系统组成

制电路送来的控制信号外，还要使其与主电路进行电气隔离，如：驱动电路与主电路的连接处、驱动电路与控制信号的连接处、主电路与检测电路的连接处。电气隔离的方法主要有光隔离或磁隔离，光隔离主要采用光电耦合器，磁隔离一般采用变压器。

　　由于主电路中往往有电压和电流的过冲，而功率半导体器件一般比主电路中普通的元器件要昂贵，但承受过电压和过电流的能力却要差一些，因此，在主电路和控制电路中附加一些保护电路，以保证功率半导体器件和整个电力电子系统正常可靠运行，也往往非常必要的。

2.2　功率二极管

2.2.1　功率二极管的工作原理

　　功率二极管是以最简单的 PN 结为基础。实际上功率二极管就是由一个面积较大的 PN 结和两端的引线封装在一起组成的器件。功率二极管的结构和图形符号如图 2 - 2 所示。

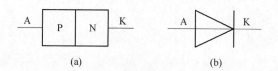

(a)　　　　　　　　　　　　　(b)

图 2 - 2　功率二极管的结构和图形符号
(a) 结构；(b) 图形符号

　　功率二极管主要有螺栓形和平板形两种外形，如图 2 - 3 所示。

　　功率二极管和电子线路中的二极管工作原理一样，即当 PN 结外加正向电压

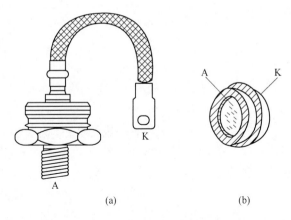

图 2 - 3　功率二极管的外形

（a）螺栓形；（b）平板形

（正向偏置）时，在外电路上则形成自 P 区流入从 N 区流出的电流，称为正向电流 I_F，这就是 PN 结的正向导通状态；当 PN 结外加反向电压时（反向偏置）时，反向偏置的 PN 结表现为高阻态，几乎没有电流流过，称为反向截止状态；

PN 结具有一定的反向耐压能力，但当施加的反向电压过大，反向电流将会急剧增大，从而破坏 PN 结反向偏置（阻断）状态，称为反向击穿。按照击穿机理不同，PN 结的反向击穿有雪崩击穿和齐纳击穿两种形式。在发生反向击穿时，采取措施将反向电流限制在一定范围内，PN 结仍可恢复原来的状态，这一过程就是通常所说的雪崩击穿。如果不对反向电流加以限制，PN 结最后将因过热而烧毁，这就是热击穿过程。经实验测量可得功率二极管的伏安特性曲线，如图 2 - 4 所示。

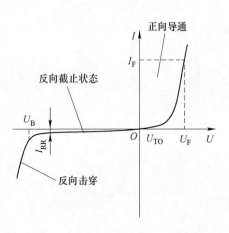

图 2 - 4　功率二极管的伏安特性曲线

　　PN 结的电容效应称为结电容 C_J，又称为微分电容。其按产生机制和作用的差别分为势垒电容 C_B 和扩散电容 C_D。势垒电容只在外加电压变化时才起作用。外加电压频率越高，势垒电容作用越明显。在正向偏置时，当正向电压较低时，势垒电容为主。扩散电容仅在正向偏置时起作用。正向电压较高时，扩散电容为结电容主要成分。结电容影响 PN 结的工作频率，特别是在高速开关的状态下，可能使其单向导电性变差，甚至不能工作。

2.2.2　功率二极管的静态和动态特性

（1）静态特性。静态特性主要是指其伏安特性，如图 2 − 4 所示。正向电压大到一定值（门槛电压 U_{TO}），正向电流才开始明显增加，处于稳定导通状态。与 I_{F} 对应的功率二极管两端的电压即为其正向电压降 U_{F}。承受反向电压时，只有少子引起的微小而数值恒定的反向漏电流。

（2）动态特性。因结电容的存在，功率二极管在零偏置、正向导通和反向截止这三个状态之间转换时，必然经过一个过渡过程，其电压、电流随时间变化的特性称为功率二极管的动态特性。因为结电容的存在，电压-电流特性是随时间变化的，这就是功率二极管的动态特性，并且往往专指反映通态和断态之间转换过程的开关特性。由正向偏置转换为反向偏置，功率二极管并不能立即关断，而是须经过一段短暂的时间才能重新获得反向阻断能力，进入截止状态。功率二极管在关断之前有较大的反向电流出现，并伴随有明显的反向电压过冲，如图 2 − 5 所示。

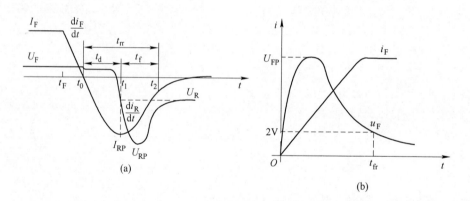

图 2 − 5　电力二极管的动态过程波形

（a）正向偏置转换为反向偏置；（b）零偏置转换为正向偏置

I_{F}—正向电流平均值；i_{F}—正向电流瞬时值；U_{F}—正向压降；u_{F}—正向压降的瞬时值；

U_{FP}—正向压降峰值；I_{RP}—反向峰值电流；U_{R}—反向耐压值；U_{RP}—反向峰值电压；

t_{F}—外加电压变化的时刻；t_0—电流下降为零的时刻（此时不能恢复反向阻断能力）；

t_1（$= t_{\text{d}}$）—反向电流达最大值 I_{RP} 时刻（此后反向电流迅速下降）；t_2（$= t_{\text{f}}$）—电流变化率接近于零的时刻（二极管恢复到反向电压阻断状态）；t_{rr}—反向恢复时间，$t_{\text{rr}} = t_{\text{d}} + t_{\text{f}}$；

t_{fr}—正向恢复时间

2.2.3　功率二极管的主要参数

（1）正向平均电流 $I_{\text{F(AV)}}$。功率二极管的正向平均电流是指在规定的管壳温度和散热条件下允许通过的最大工频半波电流的平均值。元件标称的额定电流就

是这个电流。实际应用中，功率二极管所流过的最大有效电流为 I，则其额定电流一般选择为

$$I_{F(AV)} \geqslant (1.5 \sim 2) \frac{I}{1.57}$$

式中的系数 1.5 ~ 2 是安全系数。

（2）正向压降 U_F。正向压降是指在规定温度下，流过某一稳定正向电流时所对应的正向压降。

（3）反向重复峰值电压 U_{RRM}。反向重复峰值电压是功率二极管能重复施加的反向最高电压，通常是其雪崩击穿电压 U_B 的 2/3。一般在选用功率二极管时，以其在电路中可能承受的反向峰值电压的两倍来选择反向重复峰值电压。

（4）反向恢复时间 t_{rr}。反向恢复时间是指功率二极管从所施加的反向偏置电流降至零起，到恢复反向阻断能力为止的时间。

（5）最高工作结温 T_{JM}。功率二极管结温是指管芯 PN 结的平均温度，用 T_J 表示。T_{JM} 是指在 PN 结不致损坏的前提下所能承受的最高平均温度。功率二极管 T_{JM} 通常在 125 ~ 175℃ 范围之内。

（6）浪涌电流 I_{FSM}。浪涌电流指功率二极管所能承受最大的连续一个或几个工频周期的过电流。

2.2.4 功率二极管的类型

（1）整流二极管。整流二极管多用于开关频率不高的场合，一般开关频率在 1kHz 以下。整流二极管的特点是额定电流和额定电压可以达到很高，一般为几千安和几千伏，但反向恢复时间较长。

（2）快速恢复二极管（Fast Recovery Diode，FRD）。快速恢复二极管的特点是恢复时间短，尤其是反向恢复时间短。它从性能上可分为快速恢复和超快速恢复两个等级。前者恢复时间 t_{rr} 为数百纳秒或更长；后者则恢复时间在 100ns 以下，甚至达到 20 ~ 30ns，可用于要求很小反向恢复时间的电路中，如与可控开关配合的高频电路中。快恢复外延二极管（Fast Recovery Epitaxial Diodes，FRED）的反向恢复时间 t_{rr} 更短（可低于 50ns），但其耐压 U_F 很低（0.9V 左右），反向耐压多在 400V 以下。

（3）肖特基二极管。以金属和半导体接触形成的势垒为基础的二极管称为肖特基势垒二极管（Schottky Barrier Diode，SBD）。肖特基二极管适用于较低输出电压和要求较低正向管压降的换流器电路中。这种二极管在正向恢复过程中不会有明显的电压过冲，在反向耐压较低的情况下，肖特基二极管的正向压降很小，明显低于快速恢复二极管。这种二极管的反向恢复时间 t_{rr} 更短，一般为 10 ~ 40ns。因此，肖特基二极管的开关损耗和正向导通损耗都很小。

肖特基二极管的缺点为：反向耐压提高时，正向压降也会提高，因此多用于

200V 以下的场合；反向漏电流较大且对温度敏感，反向稳态损耗不能忽略，因此必须严格限制其工作温度。

2.3 晶闸管

晶闸管是晶闸流管的简称，也称可控硅整流管（Silicon Controlled Rectifier, SCR）。由于晶闸管功率变换能力的突破，电力电子技术实现了弱电对以晶闸管为核心的强点变换电路的控制。目前，随着晶闸管特性不断的改进及功率等级的提高，晶闸管已经形成了从低压小电流到高压大电流的系列产品。同时研制出了一系列晶闸管的派生器件，如不对称晶闸管 ASCR、逆导晶闸管 RCT、双向晶闸管 TRIAC、门极辅助关断晶闸管 GATT、光控晶闸管 LASCR 等器件，大大地推进了各种电力变换器在冶金、运输、化工、机车牵引、矿山、电力等行业的应用，促进了工业的技术进步。

2.3.1 晶闸管的结构特点

晶闸管是具有 PNPN 结构的双稳半导体元件的总称。在它工作时，元件显示出固有的再生作用，可作开关使用。当处于阻断状态时，元件可以承受低反向电流下的高电压，而处于正向传导时，元件在低压降下能传导大电流。靠这些特性，这类元件能控制强大的功率。基本的晶闸管是四层 PNPN 结构，但随着应用的发展，又出现了许多派生结构。为适应电路的需要，有些是把分流二极管组合到晶闸管基本结构中去，有些是通过改变晶闸管的基本图形或结构、工艺获得关断能力或双向元件的特点，还有些则是改变它的触发方式而形成一种新元件。

普通晶闸管是在 N 型硅片中双向扩散 P 型杂质，形成 $P_1N_1P_2$ 结构，然后在 P_2 的大部分区域扩散 N 型杂质形成阴极，同时在 P_2 上引出门极，在 P_1 区域形成欧姆接触作为阳极。各层掺杂浓度分布如图 2 - 6 所示。其中 N 区为衬底，它由原始单晶材料决定，为均匀掺杂。P_1、P_2 区由硼铝涂层扩散或真空闭管扩稼（铝）形成，其浓度一般在 $10^{16} \sim 10^{18} cm^{-3}$ 范围。N_2 区由合金法或磷扩散形成，其浓度为 $10^{20} cm^{-3}$ 以上。

当晶闸管 U_{AK}（$U_{AK} = U_A - U_K$）加正向电压时，J_1 和 J_3 正偏，J_2 反偏，外加电压几乎全部降落在 J_2 结上，J_2 结起到阻断电流的作用。随着 U_{AK} 的增大，只要 U_{AK} 不超过晶闸管正向转折电压，通过阳极电流 I_A 都很小，因而称此区域为正向阻断状态。当 U_{AK} 增大超过正向转折电压（U_{BO}）以后，阳极电流突然增大，特性曲线过负阻过程瞬间变到低电压、大电流状态。当晶闸管处于断态（$U_{AK} < U_{BO}$）时，如果使得门极相对于阴极为正，给门极通以电流 I_G，那么晶闸管将在较低的电压下转折导通。转折电压 U_{BO} 以及转折电流 I_{BO} 都是 I_G 的函数，I_G 越大，U_{BO} 越小。晶闸管一旦导通后，即使去除门极信号，器件仍然导通。当晶闸管

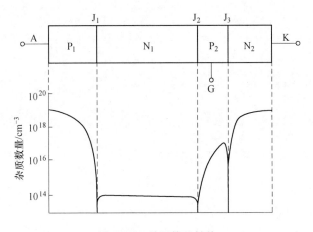

图 2 -6 晶闸管的结构
A—阳极；K—阴极；G—门极

的阳极相对于阴极为负，只要 $U_{AK} < U_{RO}$（反向转折电压），I_A 很小，且与 I_G 基本无关。但反向电压很大时（$U_{AK} \approx U_{RO}$），通过晶闸管的反向漏电流急剧增大，表现出晶闸管击穿，因此称 U_{RO} 为反向转折电压和转折电流。在晶闸管具有的阻断和导通两个状态，常被用于电流的接通或切断。

2.3.2 晶闸管的工作原理

晶闸管具有如图 2 -6 所示的四层三端结构，三个 PN 结分别由 J_1、J_2、J_3 结表示。晶闸管导通必须同时具备两个条件：晶闸管主电路加正向电压；晶闸管控制电路加合适的正向电压。为了进一步说明晶闸管的工作原理，晶闸管可看成是由一个 PNP 型和一个 NPN 型晶体管连接而成的，其等效电路如图 2 -7 所示。α_1 表示 PNP 晶体管的电流放大系数，α_2 表示 NPN 晶体管的电流放大系数。α_1、α_2 分别描述了 J_1 结和 J_3 结对 J_2 结的作用。阳极 A 相当于 PNP 型晶体管 V_1 的发射极，阴极 K 相当于 NPN 型晶体管 V_2 的发射极。

当器件加正向电压时。正偏 J_1 结注入空穴经过 N_1 区的输运，到达集电极结（J_2）空穴电流为 $\alpha_1 I_A$；而正偏的 J_3 结注入电子，经过 P_2 区的输运到达 J_2 结的电流为 $\alpha_2 I_K$。由于 J_2 结处于反向，通过 J_2 结的电流还包括自身的反向饱和电流 I_{CO}。通过 J_2 结的电流为上述三者之和，即

$$I_{J2} = \alpha_1 I_A + \alpha_2 I_K + I_{CO} \qquad (2-1)$$

假定发射效率 $\gamma_1 = \gamma_2 = 1$，根据电流连续性原理 $I_{J2} = I_A = I_K$，所以式（2-1）变成：

$$I_A = \frac{I_{CO}}{1 - (\alpha_1 + \alpha_2)} \qquad (2-2)$$

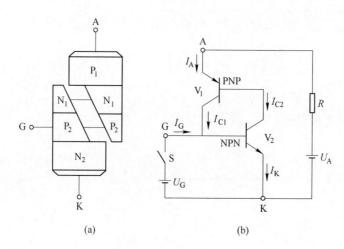

图 2-7　晶闸管的双晶体管模型及其工作原理

(a) 双晶体管模型；(b) 工作原理

式（2-2）说明，当正向电压小于 J_2 结的雪崩击穿电压 U_B 时，倍增效应很小，注入电流也很小，所以 α_1 和 α_2 也很小，故有：

$$\alpha_1 + \alpha_2 < 1 \qquad (2-3)$$

此时的 I_{CO} 也很小。所以 J_1 和 J_3 结正偏，增加 U_{AK} 只能使 J_2 结反偏压增大，并不能使 I_{CO} 及 I_A 增加很多，因而器件始终处于阻断状态，流过器件的电流与 I_{CO} 同一数量级。因此将式（2-3）称为阻断条件。

当 U_{AK} 增加使得 J_2 结反偏压增大而发生雪崩倍增时候，假定倍增因子 $M_N = M_P = M$，则 I_{CO}、α_1 和 α_2 都将增大 M 倍，故式（2-2）变成：

$$I_A = \frac{MI_{CO}}{1 - M(\alpha_1 + \alpha_2)} \qquad (2-4)$$

此时分母变小，I_A 将随 U_{AK} 的增长而迅速增加，所以当

$$M(\alpha_1 + \alpha_2) = 1 \qquad (2-5)$$

便达到雪崩稳定状态极限（$U_{AK} = U_{BO}$），电流将趋于无穷大，因此式（2-5）称为正向转折条件。

准确的转折点条件，是根据特性曲线下降段的起点来标志转折点：

$$\frac{dU_{AK}}{dI_A} = 0, \frac{d^2 U_{AK}}{dI_A^2} < 0$$

现在利用这个特点，由特性曲线方程式（2-4）推导转折点条件。因为 α_1 和 α_2 是电流的函数，M 是 U_{J2} 的函数，可近似用 $M(U_{J2}) = M(U_{AK})$，I_{CO} 为常数，对式（2-4）求导 dI_A / dU_{AK}，计算结果是：

$$\frac{\mathrm{d}U_{AK}}{\mathrm{d}I_A} = \frac{1}{\frac{\mathrm{d}I_A}{\mathrm{d}U_{AK}}} = \frac{1 - M\left(\alpha_1 + I_A \frac{\mathrm{d}\alpha_1}{\mathrm{d}I_A}\right) - M\left(\alpha_2 + I_A \frac{\mathrm{d}\alpha_2}{\mathrm{d}I_A}\right)}{(\alpha_1 I_A + \alpha_2 I_A + I_{CO}) \frac{\mathrm{d}M}{\mathrm{d}U_{AK}}} \quad (2-6)$$

由于转折电压低于击穿电压，故 $\mathrm{d}M_A/\mathrm{d}U_{AK}$ 为一恒定值，分母也为恒定值。由于 $\mathrm{d}U_{AK}/\mathrm{d}I_A = 0$，分子也必须为零，可得到：

$$M\left(\alpha_1 + I_A \frac{\mathrm{d}\alpha_1}{\mathrm{d}I_A}\right) + M\left(\alpha_2 + I_A \frac{\mathrm{d}\alpha_2}{\mathrm{d}I_A}\right) = 1 \quad (2-7)$$

根据晶体管直流电压放大系数的定义：

$$I_C = \alpha I_E + I_{CBO} \quad (2-8)$$

即可得到小信号电流放大系数：

$$\tilde{\alpha} = \frac{\mathrm{d}I_C}{\mathrm{d}I_E} = \alpha + I_E \frac{\mathrm{d}\alpha}{\mathrm{d}I_E} \quad (2-9)$$

利用式（2-9）可把式（2-7）变为：

$$M(\tilde{\alpha_1} + \tilde{\alpha_2}) = 1 \quad (2-10)$$

即在转折点，倍增因子与小信号 $\tilde{\alpha}$ 之和的乘积刚好为 1。PNPN 结构只要满足上式，便具有开关特性，即可以从断态转变成通态。

由于 α 是随着电流变化的，当 I_A 增大，α_1 和 α_2 都随之增大。由此可知，在电流较大时，满足式（2-6）的 M 值反而可以减小。这说明 I_A 增大，U_{AK} 相应减小。α 既是电流的函数，同时也是集电结电压的函数，当 α 一定时电流增大则相应的集电结反偏压减小。当电流很大，会出现

$$\tilde{\alpha_1} + \tilde{\alpha_2} > 1 \quad (2-11)$$

根据式（2-2），J_2 结提供一个通态电流（$I_{CO} < 0$）。因此 J_2 结必须正偏，于是 J_1、J_2、J_3 结全部正偏，器件处于导通。器件由断态变为通态，关键在于 J_2 结必须由反偏转为正偏。J_2 结反向转为正向的条件是 P_2 区、N_1 区分别有空穴和电子积累。P_2 区有空穴积累的条件是，J_1 结注入并且被 J_2 收集到 P_2 区的空穴量 $\alpha_1 I_A$ 要大于 $(1-\alpha_1)I_K$ 通过复合而消失的空穴量，即

$$\alpha_1 I_A > (1-\alpha_2)I_K \quad (2-12)$$

因为 $I_A = I_K$，所以得到 $\alpha_1 + \alpha_2 > 1$。只要条件成立，P_2 区的空穴积累同样，N_1 区电子积累条件为：

$$\alpha_2 I_A > (1-\alpha_1)I_K \quad (2-13)$$

故：

$$\alpha_1 + \alpha_2 > 1 \quad (2-14)$$

可见当 $\alpha_1 + \alpha_2 > 1$ 条件满足时候，P_2 区电位为正，N_1 区电位为负。J_2 结变为正偏，器件处于导通状态，所以 $\alpha_1 + \alpha_2 > 1$ 称为导通条件。

2.3.3　晶闸管的基本特性

2.3.3.1　晶闸管的伏安特性

晶闸管导通与关断两个状态是由阳极电压、阳极电流和门极电流共同决定的。通常用伏安特性曲线来描述它们之间的关系。所谓晶闸管的伏安特性就是指晶闸管阳极与阴极间的电压 U_A 和阳极电流 I_A 的关系。要正确使用晶闸管必须要了解其伏安特性。图 2 - 8 所示即为晶闸管阳极伏安特性曲线，包括正向特性（第一象限）和反向特性（第三象限）两部分。

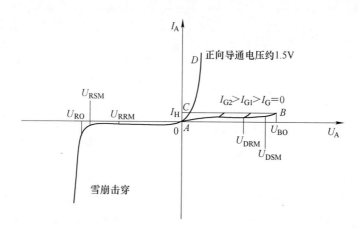

图 2 - 8　晶闸管阳极伏安特性曲线

U_A—阳极电压；I_A—阳极电流；U_{BO}—正向转折电压；U_{RO}—反向击穿电压；U_{DSM}—正向
断态不重复峰值电压；U_{DRM}—正向断态重复峰值电压；U_{RSM}—反向断态
不重复峰值电压；U_{RRM}—反向断态重复峰值电压；I_H—维持电流

A　晶闸管工作在正向偏压

晶闸管流过由负载决定的通态电流 I_T，器件压降为 1V 左右，特性曲线 *CD* 段对应的状态称为导通状态。通常将 U_{BO} 及其所对应的 I_{BO} 称为正向转折电压和转折电流。晶闸管导通后能自身维持同态，从通态转换到断态，通常不用门极信号而是由外部电路控制，即只有当电流小到称为维持电流 I_H 的某一临界值以下，器件才能被关断。

晶闸管的正向工作区可划分为多个特性区域，即：

（1）正向阻断区。当 AK 之间加正向电压时（见图 2 - 7），J_1 和 J_3 结承受正向电压，而 J_2 结承受反向电压，外加电压几乎全部落在 J_2 结上。反偏 J_2 结起到阻断电流的作用，这时晶闸管不导通。

（2）雪崩区。当外加电压上升接近 J_2 结的转折 U_{BO} 时，反偏 J_2 结空间电荷区宽度扩展的同时，内电场也大大增强，从而引起倍增效应加强。于是，通过 J_2

结的电流突然增大，并使得流过器件的电流也增大。此时，通过 J_2 结的电流，由原来的反向电流转变为主要由 J_1 和 J_3 结注入的载流子经过基区衰减而在 J_2 结空间电荷区倍增了的电流，这就是电压增加，电流急剧增加的雪崩区。因此区域发生特性曲线转折，故也称转折区。

（3）负载区。当外加电压大于转折电压时候，J_2 结空间电荷区雪崩倍增所产生大量的电子－空穴对，受到反向电场的抽取作用，电子进入 N_1 区，空穴进入 P_2 区，由于不能很快地复合，所以造成 J_2 结两侧附近发生载流子积累：空穴在 P_2 区、电子在 N_1 区，补偿离化杂质电荷，使得空间电荷区变窄。由此使得 P_2 区电位升高、N_1 区电位下降，起抵消外电场作用。随着 J_2 结上外加电压下降，雪崩倍增效效应也随之减弱。同时 J_1 和 J_3 结的正向电压却有所增强，注入增加，造成通过 J_2 结的电流增大，于是出现了电流增加电压减小的负阻现象。

（4）低阻通态区。如上所述，倍增效应使得 J_2 结两侧形成电子和空穴的积累，造成 J_2 结反偏电压减小；同时又使得 J_1 和 J_3 注入增强，电流增大，因而 J_2 结两侧继续有电荷积累，结电压不断下降。当电压下降到雪崩倍增停止以后，结电压全部被抵消后，J_2 结两侧仍有空穴和电子积累，J_2 结变为正偏。此时 J_1、J_2 和 J_3 结全部正偏，器件可以通过大电流，因为处于低阻通态区。完全导通时，其伏安特性曲线与整流元件相似。

B　晶闸管工作在反向偏压

晶闸管器件工作在反向的时候，J_1 和 J_3 结反偏，由于重掺杂的 J_3 结击穿电压很低，J_1 结承受了几乎全部的外加电压。器件伏安特性就为反偏二极管的伏安特性曲线。因此，PNPN 晶闸管存在反向阻断区，而当电压增大到 J_1 结击穿电压以上，由于雪崩倍增效应，电流急剧增大，此时晶闸管被击穿。

C　晶闸管的门极触发过程

断态时，晶闸管的 J_1 和 J_3 结处于轻微的正偏，J_2 结处于反偏，承受几乎全部断态电压。由于受反向 J_2 结所限，器件只能流过很小的漏电流。若在门极相对于阴极加正向电压 U_G，便会有一股与阳极电流同方向的门极电流 I_G 通过 J_3 结，于是通过 J_3 结的电流便不再受反偏 J_2 结限制。只要改变加在 J_3 结上的电压，便可以控制 J_3 结的电流大小。I_G 增大时，通过 J_3 结的电流的电流也随着增大，由此引起 N_2 区向 P_2 区注入大量的电子。注入 P_2 区的电子，一部分与空穴复合，形成门极电流的一部分，另一部分电子在 P_2 区通过扩散到达 J_2 结被收集到 N_1 区，由此引起通过 J_2 结电子电流增加，α_2 随之增大。电子被收集到 N_1 区使得该地区电位下降，从而使得 J_1 结更加正偏，注入空穴电流增大，于是通过 $P_1N_1P_2N_2$ 结构的电流 I_A 也增大。而 α_1 和 α_2 都是电流的函数，它将随着电流 I_A 增大而变大。这样，当门极电流 I_G 足够大时候，就会使得通过器件的电流增大，使得 $\alpha_1 + \alpha_2 > 1$ 条件成立。所以，当加门极信号时候，器件可以在较小的电压下触发导通。I_G 越大，导通时候的转折电压就越低。

对于三端晶闸管，如图 2 - 6 和图 2 - 7 所示，通过 J_2 结的各电流分量之和仍然等于总电流 I_A，即

$$I_{C1} = \alpha_1 I_A \qquad (2-15)$$

$$I_{C2} = \alpha_2 I_A \qquad (2-16)$$

$$I_K = I_G + I_A \qquad (2-17)$$

$$I_A = I_{C1} + I_{C2} + I_{CO} \qquad (2-18)$$

将式（2 - 15）和式（2 - 17）分别代入式（2 - 18），有：

$$I_A = \alpha_1 I_A + \alpha_2 I_K + I_{CO} \qquad (2-19)$$

在考虑倍增效应情况下，各电流分量经过 J_2 结空间电荷区后都要增大 M 倍，因此

$$I_A = M\alpha_1 I_A + M\alpha_2 I_K + MI_{CO} \qquad (2-20)$$

$$I_A = \frac{M(I_{CO} + \alpha_2 I_G)}{1 - M(\alpha_1 + \alpha_2)} \qquad (2-21)$$

当 $M = 1$ 时，有：

$$I_A = \frac{I_{CO} + \alpha_2 I_G}{1 - (\alpha_1 + \alpha_2)} \qquad (2-22)$$

这就是晶闸管的特性方程，它表明晶闸管加正向电压时，阳极电流与 α_1 和 α_2 以及 I_G 和 I_{CO} 的关系。

（1）当 $I_G = 0$ 时，特性曲线就变成 PNPN 两端器件的特性方程：

$$I_A = \frac{I_{CO}}{1 - (\alpha_1 + \alpha_2)} \qquad (2-23)$$

在没有结作用（$\alpha_1 = \alpha_2 = 0$）情况下，$I_A = I_{CO}$。α_1、$\alpha_2 \neq 0$，而 $\alpha_1 + \alpha_2 < 1$，$I_G = 0$ 条件下，电流 I_A 只比 I_{CO} 稍微大一些，因此同样说明阻断特性。故将 $\alpha_1 + \alpha_2 < 1$ 称为阻断条件。

（2）当 $\alpha_1 + \alpha_2 = 1$ 时，I_{CO} 必须为零，它是电流连续性的必要条件，意味着 J_2 结电压 $U_2 = 0$，因为只有此时 J_2 结本身对电流没有作用，电流特性曲线发生转折。

（3）当 $I_G \neq 0$ 时，α_2 是 $I_A + I_G$ 的函数，α_1 是 I_A 的函数。对于同样的外加电压（即 M）相同，$I_G \neq 0$ 时的漏电流比 $I_G = 0$ 时的漏电流大。表现在阻断特性上就是 I_G 越大，曲线越向大电流方向移动。另外，当 $M(\alpha_1 + \alpha_2) \to 1$ 时，$I_A \to \infty$，器件发生转折。如果电压保持不变（即 M 相同），那么可以通过加大门极电流 I_G

使得 α_2 $(I_A + I_G)$ 变大，直到 M $(\alpha_1 + \alpha_2) \rightarrow 1$ 发生转折。只要所加的 I_G 足够大，在电压 U_A 很低的情况下，同样可以达到转折条件，甚至可以使得阻断曲线完全消失（见图 2 - 8 中的 I_{G2} 曲线）。

$M(\alpha_1 + \alpha_2) \rightarrow 1$，$I_A \rightarrow \infty$，这点标志正向阻断状态的结束，同时又是导通的开始。所以 $\mathrm{d}U_A / \mathrm{d}I_A = 0$ 处为转折点。

（4）当 $\alpha_1 + \alpha_2 > 1$ 时，J_2 结提供了一个通态电流 $I_{CO} < 0$。此时，由于 $U_{AK} = U_1 - |U_2| + U_3 < U_1 + U_3$，器件的正向压降小于 J_1 和 J_3 结的压降之和。

2.3.3.2 动态特性

A 晶闸管开通的动态过程

晶闸管在由开到关或由关到开的转变过程中的状态称为动态。晶闸管的动态特性分为：晶闸管的开通特性、晶闸管的 $\mathrm{d}u/\mathrm{d}t$ 耐量、晶闸管的 $\mathrm{d}i/\mathrm{d}t$ 耐量、晶闸管的关断特性。晶闸管的开通条件为 $\alpha_1 + \alpha_2 \geqslant 1$，其导通不是立刻完成的，而是需要一定的时间。晶闸管开通后，阳极电压逐渐下降，阳极电流逐渐升高，如图 2 - 9 所示。元件由"断态"到"通态"的时间为开通时间，用 t_{on} 表示，则 $t_{on} = t_d + t_r$，如图 2 - 10 所示。

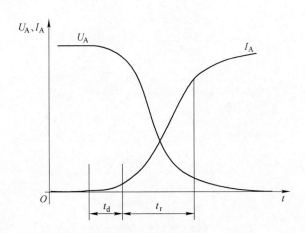

图 2 - 9 晶闸管开通后阳极电压和电流的变化

B 时间常数

延迟时间 t_d 是指从 I_G 上升到 50% 起到晶闸管的阳极电流上升到额定值的 10% 为止这一段时间。上升时间 t_r 是指阳极电流 I_A 由 10% 上升到 90% 所需的时间。扩展时间 t_s 是指阳极电流由 90% I_A 上升到额定值，元件由局部导通扩展到全面积导通的时间，如图 2 - 11 所示。

在短基区积累的使元件导通的少子电量，存在一个临界电荷量。当超过这一数值后，只要再输入一点电流，阳极电流就会雪崩式的增长直至开通。由晶体管

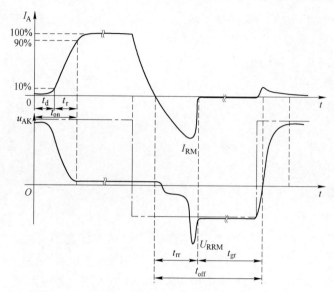

图 2 - 10   晶闸管开通后阳极电压和电流随时间的变化

t_d—导通延时间；t_r—上升时间；t_{on}—开通时间，$t_{on} = t_d + t_r$；t_{rr}—反向阻断恢复时间；

t_{gr}—正向阻断恢复时间；t_{off}—阻断时间，$t_{off} = t_{rr} + t_{gt}$；$I_{RM}$—反向峰值电流；

U_{RRM}—反向断态重复峰值电压

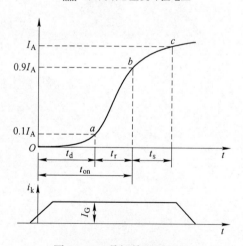

图 2 - 11   晶闸管开通过程

原理可以证明，当基区杂质为指数分布，发射极电流为 I_e 时，基区中积累的电子电荷 Q_b 是：

$$Q_b = \frac{W_{pe}^2}{D_n} \frac{\delta - 1 + e^{-\delta}}{\delta^2}$$

$$\delta = \ln \frac{p(0)}{p(W_{pe})}$$

式中，W_{pe} 为 P_2 区有效基区宽度；D_n 为电子扩散系数；$p(0)$ 为 J_3 结 P_2 侧的杂质浓度；$p(W_{pe})$ 为 J_2 结 P_2 区侧的杂质浓度。

取 $I_e = I_L$（擎柱电流），有：

$$Q_{cr} = I_L \frac{W_{pe}^2}{5D_n} = I_L t_{pe}$$

$$t_{pe} = \frac{W_{pe}^2}{5D_n}$$

C 影响开通过程的因素

（1）强触发对开通时间 t_{on} 的影响：强触发会使延迟时间大大缩短，如图 2-12 所示。

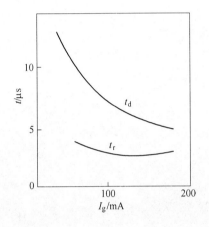

图 2-12 t_d、t_r 与 I_g 的关系

（2）阳极电流、电压及温度对 t_{on} 的影响：随着电压增高，J_2 结空间电荷区扩展使有效基区宽度减小，因此存储电荷 Q_{cr} 下降。由

$$t_d - t_d' = \frac{Q_{cr}}{I_g - I_{gt}}$$

可知触发延迟时间缩短。I_A 增加，t_d 基本不变，t_r 略有增加；T 增加，t_d 减小而 t_r 增加。其关系如图 2-13 所示。

D 晶闸管的 di/dt 耐量

当晶闸管不论被何种方式引起以后，其导通不是立刻完成的。开通后等离子体有一个扩展过程，扩展速度为 $0.03 \sim 0.1 mm/\mu s$。

以侧门极结构为例，若阴极内侧的半径为 $3.5 mm$，扩展速度以 $0.1 mm/\mu s$ 计，扩展 $1\mu s$ 的导通面积约为 $1 mm^2$，假定电路的 di/dt 为 $100 A/\mu s$，则开通时的电流密度可达每平方厘米近万安培。

在确定的电压下，每个器件都有一允许的 di/dt 额定值，即 di/dt 耐量。由于

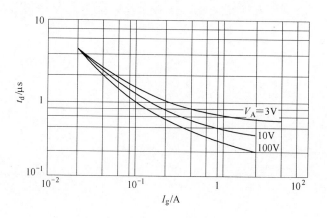

图 2 - 13   不同电压下 t_d 与 I_g 的关系

硅的比热容很小，热容量不大，硅的热传导率也很小，因此电流通道中只有很少的热被传导出去，从而电流通道中的温度会迅速上升，造成硅 PN 结局部的迅速熔化。红外观测器件的导通扩展过程如图 2 - 14 所示。

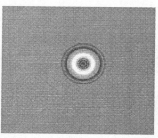

图 2 - 14   红外观测晶闸管的导通扩展过程

晶闸管 di/dt 损坏主要有以下两方面的原因：

（1）热疲劳。当门极电压加上后，由于导通总是从最靠近门极那一部分阴极开始，因此这部分电流密度最高、发热最严重、温升也最高，之后逐渐扩展（扩展速度 $100\mu m/\mu s$）到整个阴极面积，这一过程需要一定的时间。若在元件导通过程中，电流的上升速度（电流上升率）快于导通区域的扩散速度，使初始导通区域的电流密度过大，温度急剧上升，元件发生局部熔化而损坏。或温度升高，虽不至于使硅材料瞬时破坏，元件还能在短期内工作，但是经过多次开通导致的温度上升和下降的循环所造成的热应力会使硅材料的晶格损伤，最终导致元件失效。这种破坏机制和每次循环初始上升的最高温度关系最大，局部瞬间温升越高，对晶格产生的热应力越大，也最易损坏器件，其损坏点在阴极内圈附近，且往往为一大片烧毁面积。

（2）热逸走。器件因耗损功率而产生温升，引起热量，如果这个热量比耗散出去的热量大，则结余的热量又将造成附加温升，从而使结温更高，结余热量更大，温升更高。如此下去，超标很多的结温致使器件损坏。这种器件损坏机制就是热逸走，即热量不是按正常渠道走，而是积累造成芯片局部温度过高而导致损坏。另外，电阻率不均匀，也会使温度不均匀导致温度过高而容易烧毁。常见的 $\mathrm{d}i/\mathrm{d}t$ 失效，导致管芯烧毁的情况如图 2−15 所示。

图 2−15　$\mathrm{d}i/\mathrm{d}t$ 失效，导致管芯烧毁的情况

防止晶闸管出现 $\mathrm{d}i/\mathrm{d}t$ 破坏失效，主要从两个方面入手：

（1）在应用方面：主要采用两方面措施，即利用门极强触发的方式和在电路中串联电感的方式。

（2）在器件结构方面：主要采用提高载流子扩展速度（强触发）和增大初始导通边长两种方式提高 $\mathrm{d}i/\mathrm{d}t$。增加边长比（主晶闸管初始触发边长/放大门极初始触发边长），使其大于12。

在器件结构方面，具体提高 $\mathrm{d}i/\mathrm{d}t$ 耐量的措施，包括：

（1）场引进结构，如图 2−16 所示。在门极和阴极之间挖一个底面为圆弧的高阻槽，槽左侧为一小晶闸管。在主晶闸管开通前，小晶闸管先开通，形成小晶闸管到主晶闸管的高电场，促使晶闸管迅速开通。这一原理称为 F−I 原理。

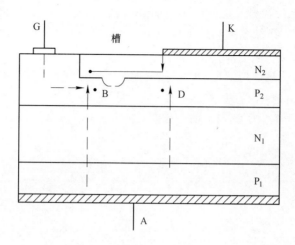

图 2 – 16　场引进结构

（2）再生门极结构，如图 2 – 17 所示。通过金属接触 M_1 把门极附近在横向场中形成的电压分接到 M_2，M_1 和 M_2 同时形成比阴极高的电压，使附近的 N_2 发射极强烈处于正向偏置，根据 F – I 原理产生越来越大的门极电流，促使晶闸管开通。

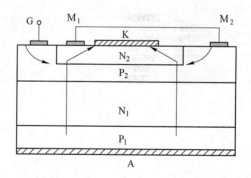

图 2 – 17　再生门极结构

（3）放大门极原理，如图 2 – 18 所示。采用放射状中心放大门极和内外环放大门极结构来延长初始导通边长。主晶闸管导通边长与放大门极导通边长之比大于 12，放大门极与阴极间槽电阻大于 1Ω。通过控制主晶闸管初始触发周边与放大门极初始触发周边之比、放大门极至阴极之间的等效横向电阻来调整和改善 di/dt 特性。

（4）渐开线结构，如图 2 – 19 所示。图中的圆半径为 r_0。渐开线 ABC 的极坐标为：

$$r = r_0 (1 + \theta^2)^{1/2}$$

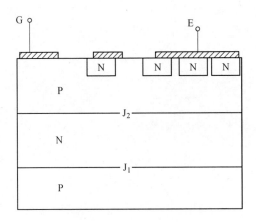

图 2 - 18 放大门极原理

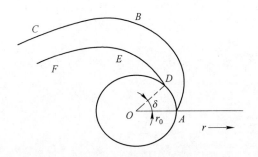

图 2 - 19 渐开线结构

DEF 的极坐标为：

$$r = r_0 \left[1 + (\theta - \delta)^2 \right]^{1/2}$$

例如，由 36 个指条状门极和阴极构成的渐开线结构，使晶闸管的耐量提高了 25 倍，达到 1000A/μs，但由于发射周长增加，I_g 需增加 10 倍，故常采用放大门极开启。

（5）di/dt 容量的估算。如果忽略热传导，单个脉冲引起的结温升为：

$$\Delta T = \int_0^{t_{on}} \frac{P(x, y, z, t)}{\rho c \eta} \mathrm{d}t$$

式中，η 为热功当量。$\eta = 4.18\mathrm{J/cal}$，代入上式计算得：

$$\frac{\mathrm{d}i}{\mathrm{d}t} = \frac{2\pi d\rho c\eta n v \Delta T}{V_A t_{on} \left(1 - \dfrac{r_2 - r_1}{v t_{on}} \right) \left[1 - \dfrac{r_2 - r_1}{v t_{on}} \ln \left(1 + \dfrac{v t_{on}}{r_2 - r_1} \right) \right]}$$

式中，$c = 0.162\mathrm{cal/(g \cdot ℃)}$，为硅的比热；$\rho = 2.33\mathrm{g/cm^3}$，为硅的密度；$n = 2.06$；$v$ 为扩展速度；d 为硅片厚度。

E　晶闸管 du/dt 耐量

瞬变条件下，阻断晶闸管在转折电压下能够转变为正向传导状态，晶闸管特性退化程度取决于阳极电压的大小和它增长的速度。这一现象称为上升速率效应或 du/dt 效应。du/dt 是指在额定结温、门极断路和正向阻断条件下，元件在单位时间内所能允许上升的正向电压。

若电压是直线上升的，则 $\dfrac{du}{dt}$ 可表示为：

$$\frac{du}{dt} = \frac{0.9U_{DF} - 0.1U_{DF}}{\Delta t}$$

当一个迅速上升的电压加到晶闸管上，随着 J_2 结电压 U_{J2} 的变化，在 J_2 结电容上产生位移电流 I_D：

$$I_D = C_{J_2} \frac{du}{dt}$$

短路发射极原理是基于横向电阻效应。当电流较小时，通过 J_2 结的电流直接从 P_2 区经短路点流向阴极欧姆接触。由于没有电流经 J_3 结，所以 J_3 结向 P_2 区注入的电子很少、α_2 很小；当电流继续增大，电流在 P_2 区横向流动就会在基区产生一定的电压降落，此电压使远离短路点部分的电位提高，该部分 J_3 结的正向电压 U_3 增大。

提高 du/dt 耐量的方法有：减小结电容以减小位移电流；增加长基区宽度以降低发射极注入效率；采用短路发射结构以减小位移电路引起的正向转折电压下降。

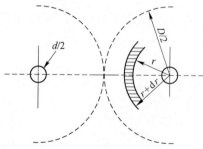

图 2 - 20　短路点结构和位移电流的关系

根据引起的位移电流在结造成的压降应小于开放电压从而使 $\alpha_2 \approx 0$ 这一条件，可以估算出一确定器件的 du/dt 耐量，具体如下式，其参数如图 2 - 20 所示。

$$\frac{du}{dt} = \frac{16U_D S}{C_0 R_S d^2 + D^2 \left(2\ln\dfrac{D}{d} - 1\right)}$$

式中，C_0 为 J_2 结电容；S 为 J_2 结面积。

设 K 为短路系数，有：

$$K = d^2 + D^2 \times \left(2\ln\frac{D}{d} - 1\right)$$

由上式可看出：

(1) 要获得大的 du/dt，则短路系数要小，因而 D 和 d 都必须小，可见密而

小的短路发射极对耐量的提高是有利的;

（2）有效 P 基区的薄层电阻 R_S 过大会影响短路效果，不利于 du/dt 耐量的提高。

F 晶闸管关断特性

关断过程就是积累的非平衡载流子的消失过程。如图 2-21 所示，为了使晶闸管在导通以后重新获得正向阻断能力，非平衡载流子的浓度必须下降到比临界存储电荷小的程度，这一过程需要一定的时间，称为关断时间。关断时间定义为电流过零到重加正向电压过零这一段时间，用 t_{off} 表示。普通晶闸管的关断时间约几百微秒。

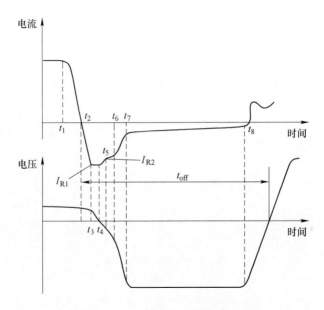

图 2-21 晶闸管的关断过程

关断瞬态的"反向电流、正向偏置"，可以用储存电荷加以说明：由于 P_2 区的杂质浓度远高于 N_1 区，J_2 结又为正向结，故 P_2 区空穴将向 N_1 区注入，而 N_1 区的电子却不易向 P_2 区注入，这样在长基区中尽管空穴可以从 J_1 结流走，但又得到了 P_2 区注入空穴的补充，电子又不易向 P_2 区输出，因此长基区的载流子消失很慢。加上一负的门极电流抽走 P_2 区的过剩电荷，储存时间将大大缩短，关断速度可以加快。

晶闸管在电路中关断的条件是回路电流要小于 I_H，如果关断时"拖尾电流"长，某一时段后仍有大于 I_H 的电流，则晶闸管关断失败。

$$t_{off} \geq \tau_p \ln \frac{I_A}{I_H}$$

式中，t_{off}为关断时间；τ_{p}为基区少子寿命；I_{A}为阳极电流；I_{H}为维持电流。

关断时间可通过调整基区少子寿命来实现。少子寿命控制方法，包括：把某种在硅的禁带中显示深能级的杂质扩散到硅中；采用高能粒子轰击；通过磷或硼吸收的作用，控制器件中的金的浓度分布；采用电子辐照或γ射线辐照。

2.3.4　晶闸管的基本参数

（1）正向重复峰值电压U_{DRM}。在控制极断路和晶闸管正向阻断的条件下，可重复加在晶闸管两端的正向峰值电压称为正向重复峰值电压U_{DRM}。一般规定此电压为正向转折电压U_{BO}的80%。

（2）反向重复峰值电压U_{RRM}。在控制极断路时，可以重复加在晶闸管两端的反向峰值电压称为反向重复峰值电压U_{RRM}。此电压取反向击穿电压U_{RO}的80%。

（3）通态平均电流$I_{\text{V(AV)}}$。在环境温度小于40℃和标准散热及全导通的条件下，晶闸管可以连续导通的工频正弦半波电流平均值称为通态平均电流$I_{\text{V(AV)}}$或正向平均电流，通常所说晶闸管是多少安就是指这个电流。如果正弦半波电流的最大值为I_{M}，则：

$$I_{\text{V(AV)}} = \frac{1}{2\pi}\int_0^{\pi} I_{\text{M}}\sin\omega t\, d(\omega t) = \frac{I_{\text{M}}}{\pi}$$

额定电流有效值为：

$$I_{\text{V}} = \sqrt{\frac{1}{2\pi}\int_0^{\pi} I_{\text{M}}^2 (\sin\omega t)^2 d(\omega t)} = \frac{I_{\text{M}}}{2}$$

然而在实际使用中，流过晶闸管的电流波形形状、波形导通角并不是一定的，各种含有直流分量的电流波形都有一个电流平均值（一个周期内波形面积的平均值），也就有一个电流有效值（均方根值）。现定义某电流波形的有效值与平均值之比为这个电流的波形系数，用K_{f}表示，即

$$K_{\text{f}} = \frac{\text{电流有效值}}{\text{电流平均值}}$$

根据上式可求出正弦半波电流的波形系数：

$$K_{\text{f}} = \frac{I_{\text{V}}}{I_{\text{V(AV)}}} = \frac{\pi}{2} = 1.57$$

这说明额定电流$I_{\text{V(AV)}} = 100\text{A}$的晶闸管，其额定电流有效值为$I_{\text{V}} = K_{\text{f}}I_{\text{V(AV)}} = 157\text{A}$。

不同的电流波形有不同的平均值与有效值，波形系数K_{f}也不同。在选用晶闸管的时候，首先要根据管子的额定电流（通态平均电流）求出元件允许流过的最大有效电流。不论流过晶闸管的电流波形如何，只要流过元件的实际电流最

大有效值不大于管子的额定有效值，且散热冷却在规定的条件下，管芯的发热就能限制在允许范围内。由于晶闸管的电流过载能力比一般电机、电器要小得多，因此在选用晶闸管额定电流时，根据实际最大的电流计算后至少要乘以 1.5 ~ 2 的安全系数，使其有一定的电流裕量。

(4) 维持电流 I_H 和擎住电流 I_L。在室温且控制极开路时，维持晶闸管继续导通的最小电流称为维持电流 I_H。维持电流大的晶闸管容易关断。维持电流与元件容量、结温等因素有关，同一型号的元件其维持电流也不相同。通常在晶闸管的铭牌上标明了常温下 I_H 的实测值。

给晶闸管门极加上触发电压，当元件刚从阻断状态转为导通状态时就撤除触发电压，此时元件维持导通所需要的最小阳极电流称为擎住电流 I_L。对同一晶闸管来说，擎住电流 I_L 要比维持电流 I_H 大 2 ~ 4 倍。

(5) 晶闸管的开通与关断时间。

1) 开通时间 t_{gt}。一般规定：从门极触发电压前沿的 10% 到元件阳极电压下降至 10% 所需的时间称为开通时间 t_{gt}。普通晶闸管的 t_{gt} 约为 6μs。开通时间与触发脉冲的陡度大小、结温以及主回路中的电感量等有关。为了缩短开通时间，常采用实际触发电流比规定触发电流大 3 ~ 5 倍、前沿陡的窄脉冲来触发，称为强触发。另外，如果触发脉冲不够宽，晶闸管就不可能触发导通。一般说来，要求触发脉冲的宽度稍大于 t_{gt}，以保证晶闸管可靠触发。

2) 关断时间 t_q。晶闸管导通时，内部存在大量的载流子。晶闸管的关断过程是：当阳极电流刚好下降到零时，晶闸管内部各 PN 结附近仍然有大量的载流子未消失，此时若马上重新加上正向电压，晶闸管仍会不经触发而立即导通，只有再经过一定时间，待元件内的载流子通过复合而基本消失之后，晶闸管才能完全恢复正向阻断能力。晶闸管从正向阳极电流下降为零到它恢复正向阻断能力所需要的这段时间称为关断时间 t_q。

晶闸管的关断时间与元件结温、关断前阳极电流的大小以及所加反压的大小有关。普通晶闸管的 t_q 为几十到几百微秒。

(6) 通态电流临界上升率 di/dt。门极流入触发电流后，晶闸管开始只在靠近门极附近的小区域内导通，随着时间的推移，导通区才逐渐扩大到 PN 结的全部面积。如果阳极电流上升得太快，则会导致门极附近的 PN 结因电流密度过大而烧毁，使晶闸管损坏。因此，对晶闸管必须规定允许的最大通态电流上升率，称通态电流临界上升率 di/dt。

(7) 断态电压临界上升率 du/dt。晶闸管的结面积在阻断状态下相当于一个电容，若突然加一正向阳极电压，便会有一个充电电流流过结面，该充电电流流经靠近阴极的 PN 结时，产生相当于触发电流的作用，如果这个电流过大，将会使元件误触发导通，因此对晶闸管还必须规定允许的最大断态电压上升率。在规定条件下，晶闸管直接从断态转换到通态的最大阳极电压上升率称为断态电压临界上升率 $\mathrm{d}u/\mathrm{d}t$。

2.4　功率场效应晶体管

功率 MOSFET 是在 MOS 集成电路工艺基础上发展起来的一种电力开关器件。功率 MOSEFT 的基本设计原理与经典的 MOSFET 相同，但是作为电力开关器件，在结构设计、制造技术以及特性等方面，它又与经典的 MOSFET 不同，它着重发展和提高器件的功率特性，增大器件的工作电压和工作电流。

2.4.1　结构分类

功率 MOSFET 结构有很多类型，主要有 LDMOS、VVMOS、VUMOS、EXT-FET（深槽 VUMOS）、VDMOS、SJ MOSFET 几种类型。图 2-22 给出了几种经典的功率 MOSFET 的元胞结构。

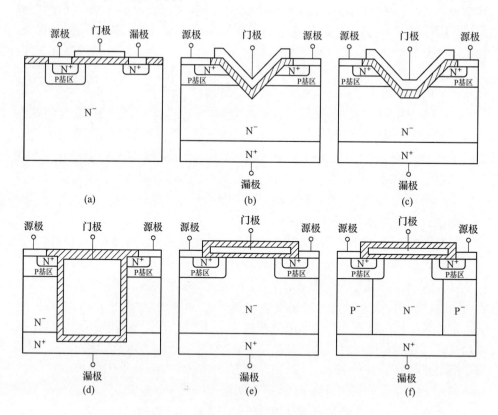

图 2-22　几种经典的功率 MOSFET 的元胞结构

(a) LDMOS 结构；(b) VVMOS 结构；(c) VUMOS 结构；(d) EXTFET 结构；

(e) VDMOS 结构；(f) SJ MOSFET 结构

最初的功率 MOSFET 为横向的 LDMOS 结构，如图 2 - 22（a）所示。漏源端均在同一表面，电流水平流过。功率 MOSFET 如何获得高耐压、大电流器件？与大功率二极管 GTR 相比，MOSFET 能获得高耐压、大电流的主要原因为：

（1）垂直导电结构：发射极和集电极位于基区两侧，基区面积大，很薄，电流容量很大。

（2）N⁻漂移区：集电区加入轻掺杂 N⁻漂移区，提高耐压。

（3）双重扩散技术：基区宽度严格控制，可满足不同等级要求。

（4）集电极安装于硅片底部，设计方便，封装密度高，耐压特性好，在较小体积下，输出功率较大。

LDMOS 的横向导电使得其占用芯片面积很大，芯片有效利用率很低，因此，随后出现了使用 V 型沟槽腐蚀技术的 VVMOS（见图 2 - 22b）。VVMOS 既保留了 MOSFET 的优点（驱动功率小），又吸收 GTR 优点，扩展功率（主要工艺：直导电结构、N⁻漂移区、双重扩散技术）。它的结构特点有：

（1）V_{GS}加电压后，形成反型层沟道，电流垂直流动。

（2）漏极安装于衬底，可充分利用硅片面积。

（3）N⁻漂移区，提高耐压，降低 C_{GD} 电容。

（4）双重扩散可精确控制 LDMOS 沟道长度。它的漏极在器件的底部，源和栅电极位于表面。由于存在轻掺杂漂移区且电流是纵向流动，耐压可以提高且不消耗表面面积，使得管芯占用面积减小，硅片表面的利用率提高，元胞数目增加。

但是 VVMOS 仍然有一些缺点：靠腐蚀形成的 V 型槽很难精确控制；V 型沟槽底部为尖峰，电场较集中，难以提高击穿电压。为了解决电场集中的问题，将 V 型槽改成 U 型槽，便形成了 VUMOS，如图 2 - 22（c）所示。U 型沟槽是通过控制腐蚀时间来形成的，即在沟槽前沿未到达槽底部时就停止腐蚀，因而槽底是平的。但这样的腐蚀很难控制。图 2 - 22（d）是随后出现的 EXEFET 结构（扩展的深槽 VUMOS），采用 RIE 挖深槽，再用多晶硅填充栅极来形成。当栅压大于阈值电压时会在 N⁻区形成电子积累，从而减小导通电阻；同时沟道垂直，使得元胞可以做得更小。由于需要挖很深的沟槽，使得击穿电压大大降低，且工艺成本很高，因此一般只适合低压应用。图 2 - 22（e）是 VDMOS 的结构图。VD-MOS 结构的制作工艺是在 N⁺衬底 < 100 > 晶向上外延生长一层 N⁻高电阻率外延层，外延层的厚度及掺杂浓度直接决定 VDMOS 的击穿电压，然后长栅氧，淀积多晶硅，刻蚀多晶硅和栅氧，在外延层上采用平面自对准双扩散工艺，以此在水平方向形成与 MOS 结构相同的多子导电沟道，沟道长度一般只有 $1 \sim 2 \mu m$，最后制备电极。早期 N⁺源区与 P 基区是由扩散形成，近年来为了精确控制结深，部分研究采用了更为先进的离子双注入掺杂工艺。VDMOS 的源极与漏极分别做在芯片的两面，形成垂直导电通道，多个元胞并联实现大功率。P 基区与 N⁻ 外延层构成一个反并联的寄生体二极管，它代表了 VDMOS 的耐压能力。由于 VDMOS 结构的沟道在表面，由两次扩散的结深决定，可以做得很短，这对光刻的精度要求很低，所以该结构有很强的实用性。目前，在各种 MOSFET 结构中，VDMOS 的应用最为广泛。VDMOS 结构的缺点为：

（1）由于沟道平行与表面，使得元胞尺寸较大，硅片面积的利用率降低；

（2）在电流通路中存在一个 JFET 区，增大了器件的导通电阻 R_{on}，限制了器件的电流容量；

（3）较大的 N⁻ 漂移区厚度会增大器件的击穿电压，但是同时也会增大器件的导通电阻 R_{on}。因此，击穿电压和导通电阻成为一对不可调和的矛盾，这是 VDMOS 结构最致命的缺点。

另外，还值得注意的是，VDMOS 结构的源区、基区和外延层组成了一个寄生 NPN 晶体管。而寄生 NPN 管一旦触发，将使器件失效，因此，要求 P 基区与源极短接，并在 N⁺ 源区正下方的 P 基区处进行硼离子注入，以减小基区电阻，削弱寄生 NPN 晶体管的触发能力。

为了进一步降低导通电阻，人们在 N⁻ 区引入了超结结构，形成了 SJ MOSFET 结构，如图 2 - 22（f）所示。与 VDMOS 相比，相同耐压 SJ MOSFET 的 N⁻ 区掺杂浓度可以提升一个数量级，因而，其导通电阻大大减小。

2.4.2　工作机理

功率 MOSFET 的工作机理和经典 MOSFET 的工作机理基本相同，也是利用半导体表面电场效应来工作的。由于电子的迁移率大于空穴的迁移率，N 沟 MOSFET 可以提供更高的电导和更快的工作速度，因此常见的功率 MOSFET 均为 N 沟常闭型。下面以 N 沟常闭型 VDMOS 为例分析功率 MOSFET 的工作机理。

图 2 - 23 是 VDMOS 的阻断状态示意图。当栅源电压 $U_{GS} < 0$ 时，栅极下面的 P 型区表面呈现空穴堆积状态；当栅源电压 $0 < U_{GS} < U_T$ 时，栅极下面 P 型区呈现耗尽状态。在这两种状态下，栅下均没有可以通过电子电流的沟道，VDMOS 处于正向阻断状态，J_1 结承担正向阻断电压，VDMOS 中有很小的反偏 PN 结的漏电流流过。

图 2 - 24 是 VDMOS 的导通状态示意图。随着栅源电压 U_{GS} 的增大，半导体表面开始进行电子的积累。当 $U_{GS} > U_T$ 时出现强反型层，形成 N 型导电沟道。此时，如果漏源电压 $U_{DS} > 0$，就会有电子由源极流向漏极，形成由源端到漏端的电流。于是 VDMOS 处于正向导通状态。当半导体表面处于强反型时，沟道的电子浓度和表面势之间成指数关系，而表面势大小与栅源电压 U_{GS} 的值有关。因此，沟道的电子浓度受到栅源电压 U_{GS} 的控制。

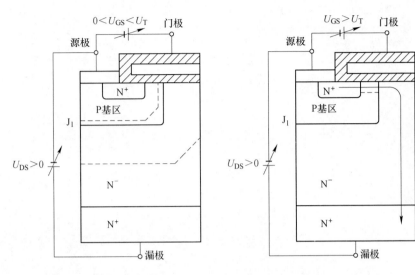

图 2 - 23　VDMOS 的阻断状态　　　　图 2 - 24　VDMOS 的导通状态

2.4.3　特性分析

2.4.3.1　转移特性

图 2 - 25 为 VDMOS 转移特性示意图。当 $U_{GS} < U_T$ 时，栅极电压不能在半导体表面形成沟道。当 $U_{GS} > U_T$ 时，栅极电压在半导体表面形成沟道，I_{DS} 开始增大，并且随着 U_{GS} 的增大，沟道电阻下降，I_{DS} 增大。当 U_{GS} 增大到一定程度时，随 U_{GS} 的增加，I_D 增加趋势变缓。造成这种现象是功率 MOSFET 中存在的一种特有效应——准饱和效应。准饱和效应指 VDMOS 的输出电流达到一定限度以后，漏源电流 I_{DS} 随着栅压的升高几乎不变，随着漏压增加略有增加的现象。当栅压超过某一特定值之后，电流几乎不再随栅压增大，跨导（dI_{DS}/dU_{GS}）急剧趋向于零。准饱和现象限制了 VDMOS 的最大输出电流。研究指出，准饱和现象是载流子在瓶颈区达到速度饱和所造成的，输出电流的饱和值与 P 基区之间的距离成正比。

2.4.3.2　输出特性

以漏源电压 U_{DS} 为参变量，可以得到漏源电流 I_{DS} 和漏源电压 U_{DS} 的变化关系曲线，称为 VDMOS 的输出特性曲线，如图 2 - 26 所示。输出特性可以被分为四个区域：截

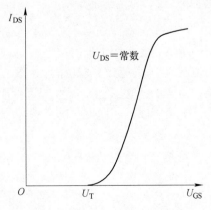

图 2 - 25　VDMOS 转移特性示意图

止区、线性区、饱和区和雪崩区。

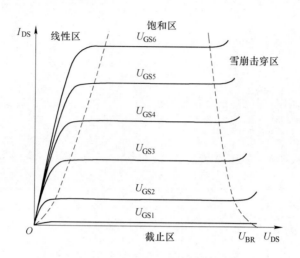

图 2 - 26　VDMOS 的输出特性曲线

　　对于截止区，因为 J_1 结处于反向偏置，所以截止区的电流很小，几乎没有电流。在线性区，栅源电压 U_{GS} 一定的情况下，漏源电流是随着漏源电压线性增长的。饱和区的电流不随 U_{DS} 的增大而增大，但实际中发现，I_{DS} 随 U_{DS} 的增大会缓慢增大，即 $I_{DS}-U_{DS}$ 曲线上翘。其主要是由有效沟道长度调变效应和静电反馈效应引起的。

　　有效沟道长度调变效应是指，当 $U_{DS} > U_{Dsat}$ 后，随着 U_{DS} 的增加，沟道夹断点会向源极移动，导致沟道的有效长度减小，沟道电阻减小，但夹断点的电位始终保持在 U_{Dsat}，即 U_{Dsat} 完全加在沟道区，因此，给定的 U_{GS}、I_{DS} 会随着 U_{DS} 的增大而增大。

　　另外，如果 VDMOS 的 P 基区采用轻掺杂，在 U_{DS} 电压下，漏极 PN 结耗尽层宽度 W_D 大于或者接近与沟道宽度 L 时，空间电荷区的电力线的一部分由漏极出发，终止于沟道，到不了源极的可动电荷上，当 U_{DS} 增大时，引起沟道中感应电荷的增加，使得沟道电阻减小，而有效沟道两端的电压 U_{Dsat} 基本保持不变，所以沟道电流 I_{DS} 将随着 U_{DS} 的增加而增加。这就是静电反馈效应。当漏源电压达到 J_1 结的雪崩击穿电压时，器件就进入了雪崩击穿区，这时，栅极失去原有的控制作用，器件电流迅速增大。

2.4.3.3　阻断特性

　　当将 VDMOS 的栅极和源极短路时，栅极下的 P 区表面不能形成沟道。当加上正向漏源电压（$U_{DS} > 0$）时，J_1 结处于反向偏置状态。这时在 J_1 结附近形成一层较宽的耗尽层。随着正向漏源电压 U_{DS} 的增大，耗尽层开始向两边扩展，由于 P 基区的掺杂浓度远远大于 N⁻ 漂移区的浓度，所以耗尽层扩展主要在 N⁻ 区中。当 J_1 结附近区域的电场足够大,并且 J_1 结附近的耗尽层宽度足够宽时,就会发生雪崩击穿,这时 VDMOS 的漏源之间会通过很大的电流。漏源电流突然倍增所对应的漏源之间的电压为 U_{BR}。雪崩击穿对器件会造成无法恢复的损伤,甚至会烧毁器件。

当器件已经处于正向阻断状态时,J_1 结两侧形成了比较厚的耗尽层。这时,即使加栅源电压($U_{GS} > U_T$)形成 N 型导电沟道,器件也是无法导通的。因为漏源电流 I_{DS} 会被 J_1 结两侧的耗尽层所阻断。所以这样的开启方式是错误的。

根据上述分析可知,阻断电压大小主要由 J_1 结的雪崩击穿电压决定。因此,降低漂移区的掺杂浓度、增大漂移区厚度可提高其耐压。其实,影响 VDMOS 的击穿电压的因素很多。首先,由于 VDMOS 结构中存在着结的弯曲效应,VDMOS 实际的阻断电压比平行平面结的击穿电压要小。另外,P 基区耗尽层扩展穿通到 N^+ 区,还会发生穿通击穿。此外,由于 VDMOS 是由多个元胞组成的,所以元胞间距的大小会直接影响其阻断电压。

2.4.3.4 导通特性

在 VDMOS 导通期间,当栅、源之间加上略大于阈值电压的正向电压 U_{GS},且漏、源两端加上正向电压 U_{DS} 时,电子流经有源区、表面沟道区、表面积累区、JFET 区(两个 P 阱之间的区域)和漂移区,到达漏区,如图 2 - 6 所示。VDMOS 的导通电阻 R_{on} 由源区电阻 R_S、表面沟道电阻 R_{ch}、表面积累区电阻 R_A、JFET 区电阻 R_J 和漂移区电阻 R_D 和衬底电阻 R_{SUB} 组成。其中,有源区电阻和衬底电阻很小,可以忽略。所以,VDMOS 的导通电阻 R_{on} 可用下式表示:

$$R_{on} = R_{CH} + R_A + R_J + R_D$$

这些电阻分量在导通电阻 R_{on} 中所占的比例随击穿电压的变化而变化。对于低压器件,R_{on} 主要由沟道区电阻 R_{ch} 和漂移区电阻 R_D 组成。所以,单位面积的沟道宽度越大,导通电阻越低。对于高压器件,漂移区电阻 R_D 和 JFET 区电阻 R_J 是主要的。因此,要降低 VDMOS 的导通电阻就是要提高漂移区的浓度、降低漂移区的厚度。这与击穿特性对器件参数的要求相矛盾。对 VDMOS 而言,击穿电压越高,导通电阻也就越大。研究表明,VDMOS 的扩展导通电阻 $R_{on.sp}$ 与击穿电压 U_{BD} 约成为 2.5 次方关系,即

$$R_{on.sp} = 1.63 \times 10^{-8} U_{BD}^{2.5}$$

式中,U_{BD} 的单位为 V;$R_{on.sp}$ 的单位为 $\Omega \cdot cm^2$。

2.4.3.5 频率特性

功率 MOSFET 是通过多子的漂移运动形成电流。所以,I_D 在 U_{DS} 变化时的响应速度主要受到两个因素的影响:输入电容的充放电时间和电子跨越漂移区的渡越时间。

高耐压的功率 MOSFET 器件具有很长的漂移区,因此,载流子通过这个漂移

区需要较长的渡越时间。利用类似于对结型栅场效应晶体管的方式处理，可以得到受渡越时间限制的频率响应为：

$$f_{\mathrm{T}} = \frac{6.11 \times 10^{11}}{\left(1 + \dfrac{L}{d}\right) U_{\mathrm{BD}}^{7/6}}$$

式中，L 为沟道长度；d 为漂移区厚度，包括 JFET 区；U_{BD} 为击穿电压。

　　上式表明，随着器件击穿电压的升高，频率会下降很多。为了获得高的频率响应，要求沟道长度尽可能短。高频工作的另一个限制是输入栅电容的充放电引起的。如图 2 - 27 所示，VDMOS 结构的电容主要有栅源电容 C_{GS}、栅漏电容 C_{GD}、漏源电容 C_{DS} 及由密勒效应引起的密勒电容 C_{miller}。C_{GS} 是由栅源区电容 $C_{\mathrm{N^+}}$、MOS 栅电容 C_{OX} 和氧化层电容 C_{M} 等并联而成。其中，$C_{\mathrm{N^+}}$ 是栅极覆盖到 $\mathrm{N^+}$ 发射区上所引起的电容，C_{OX} 是栅极覆盖到 P 基区上所引起的电容，它起因于 MOS 结构，C_{M} 是源极金属超过界限在栅极上形成的电容。

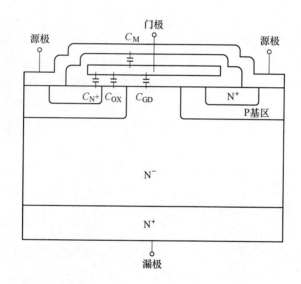

图 2 - 27　VDMOS 的寄生电容

　　VDMOS 的输入电容 C_{in} 由 C_{GS} 和 C_{miller} 组成，可用下式来表示：

$$C_{\mathrm{in}} = C_{\mathrm{GS}} + C_{\mathrm{miller}} = C_{\mathrm{GS}} + (1 + g_{\mathrm{m}} R_{\mathrm{L}}) C_{\mathrm{GD}}$$

式中，g_{m} 为 VDMOS 的跨导；R_{L} 为负载。

2.4.3.6　开关特性

　　功率 MOSFET 在电力电子电路中通常作为高频开关使用，必须在开通和关断之间迅速转换。这种工作方式，要求功率 MOSFET 能处于通态，或者处于正向阻断状态，而且又能在这两种状态之间迅速切换。在器件从关到开、从开到关的过程中，要求用最小的损耗来控制很大的负载功率，其负载类型会影响电流和电压波形。在导通状态，导通电阻决定了耗散功率，而在正向阻断状态是由漏电流来决定耗散功率的。功率 MOSFET 的主要特点是具有高速开关特性。如果 MOSFET 的栅电容能瞬时地变化，那么它的开关时间为 50～200ns。这是器件内部的多子从源极输运到漏极所需的时间。

为了分析功率 MOSFET 的瞬态过程，采用如图 2-28 所示的电路模型。由于器件和电路的相互作用，在分析中必须考虑为一个典型负载。因为二极管的钳位作用，所以可以认为稳态电流 I_L 通过电感负载 L_1。

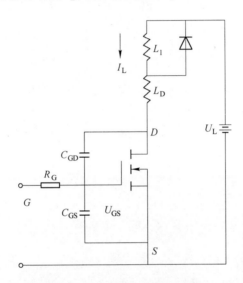

图 2-28 VDMOS 的电感开关电路

图 2-29（a）是器件的开通过程示意图。$t < t_1$ 时，当 $U_G < U_T$ 时，I_D 等于 0，这段时间是开通延迟时间 t_d。$t_1 < t < t_2$ 时，当 $U_G > U_T$ 时，由于电感 L_D 的作用，I_D 呈指数上升直到 $I_D = I_L$，此时，U_D 等于 U_L 保持不变，这段时间是电流上升时间 t_{ri}。$t_2 < t < t_3$ 时，当 U_G 保持不变，C_{GD} 充电，I_D 为常数 I_L。U_D 下降到 U_F，电压下降时间为 t_{fv}。$t > t_3$ 时，当 U_G 继续上升到达其稳定值，I_D 仍为常数 I_L。U_D 保持在 U_F。开通时间为 t_d、t_{ri} 和 t_{fv} 之和。

图 2-29（b）是器件的关断过程示意图。$t < t_4$ 时，由于栅电容放电，U_G 随 t 按指数下降，直到 $I_D = I_L$、$U_D = U_F$ 不变。这段时间为关断延迟时间 t_s。$t_4 < t < t_5$ 时，U_G 保持不变，$I_D = I_L$ 也不变。U_D 开始上升到负载电压 U_L。这段时间为上升时间 t_{fv}。$t_5 < t < t_6$ 时，由于存在电感 L_D，U_D 上升时有过冲。随着 U_G 开始按指数减小，U_D 回落保持在 U_L 不变，直到 $U_G = U_T$，此时 I_D 也按指数减小。这段时间为电流下降时间 t_{fi}。$t > t_6$，U_G 继续按指数减小，直到 $U_G < U_T$，I_D 为零。关断时间是 t_s、t_{rv} 和 t_{ri} 之和。

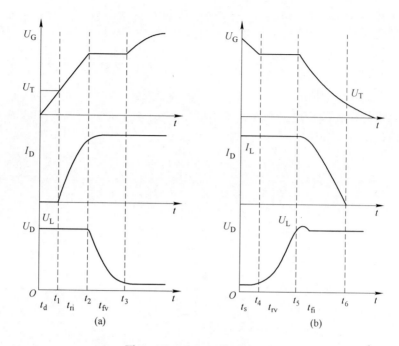

图 2 – 29　VDMOS 的开关过程

（a）VDMOS 的开通过程；（b）VDMOS 的关断过程

2.4.3.7　温度对 VDMOS 特性参数的影响

温度变化会引起载流子的迁移率、饱和漂移速度以及本征载流子浓度发生变化，从而引起功率 MOSFET 相关特性参数发生变化。下面从理论上分析一下温度对阈值电压、跨导、特征导通电阻、漏极饱和电流以及击穿电压等参数的影响。

（1）阈值电压 U_T。U_T 是描述功率 MOSFET 开关过程的一个重要参数。当 U_{GS} 达到 U_T 时，感应沟道开始形成，此时器件才具备导通条件。温度上升，本征载流子浓度 n_i 呈指数上升，从而使强反型要求的表面势和功函数差减小，U_T 下降。

（2）跨导 g_m。跨导大小会直接影响开关过程中流过各个元胞的电流均匀性。跨导越高，流过各个元胞的电流也越均匀。g_m 与迁移率 μ_n、U_T 等有关。温度升高会使 μ_n 和 U_T 下降，但 μ_n 随温度变化显著，其他参数对温度变化都不敏感，所以温度升高会导致 g_m 下降。

（3）导通电阻。导通电阻受温度的影响主要体现在载流子迁移率随温度的变化，且这种变化幅度与掺杂浓度有关。对于高压 MOS 器件，导通电阻随温度增加呈上升趋势，即 $R_{DS(ON)}$ 具有正的温度系数。

（4）漏极饱和电流 I_{Dsat}。I_{Dsat} 与饱和漂移速率 μ_{sat} 及阈值电压值 U_T 等有关。

温度升高，μ_{sat} 下降，使 I_{Dsat} 减小；同时 U_T 下降，使 I_{Dsat} 增加。这两种因素的综合效果是使器件的 I_{Dsat} 在高温下减小。

（5）开关速度：开关损耗低是功率 MOSFET 最优良的特性之一，而且此特性随结温度的升高会更加突出。在双极晶体管中，温度升高会使开关时间加长，导致开关损耗增加。功率 MOSFET 的开关速度主要依赖于输入电容的充放电时间和电子跨越漂移区的渡越时间。输入电容的充放电时间受温度影响不大，电子跨越漂移区的渡越时间与电子迁移率和饱和漂移速率有关系，而电子迁移率和饱和漂移速率都随温度会下降（见参考资料），所以电子的渡越时间会增大，但是总的来讲，VDMOS 的开通关断过程受温度的影响不大。由于功率 MOSFET 的阈值电压 U_T 与其开关特性密切相关，温度升高，U_T 下降，会导致功率 MOSFET 开通提前、关断延后。所以，温度对功率 MOSFET 开关特性的影响主要是对开通、关断时刻的影响。

2.5 IGBT 的结构及特性

IGBT（Insulated Gate Bipolar Transistor）是 20 世纪 80 年代中期发展起来的一种新型的复合型组件。它综合了 MOSFET 及 GTR（功率晶体管）的优点，具有良好特性：可耐电流/电压等级已达 1800A/1200V；关断时间可缩短至 40ns；工作频率高达 40kHz；安全工作区（SOA）扩大。这些优越的性能使得 IGBT 成为大功率开关电源、整流器等电力电子装置的理想功率组件。

2.5.1 IGBT 的基本结构

目前常见的 IGBT 正面结构有平面型与槽栅型，背面结构有非穿通型及场截止型。综合起来目前有四种 IGBT 结构最为常见：平面非穿通型（Planar + NPT）、槽栅非穿通型（Trench + NPT）、平面场截止型（Planar + FS）和槽栅场截止型（Trench + FS）。下面主要针对平面非穿通型 IGBT 进行的研究，将其结构简化为图 2-30 所示结构，在图中 P 阱与 N^+ 之间的 PN 结记为 J_1 结，P 阱与 N 基区之间的 PN 结记为 J_2 结，背面 P^+ 层与 N 基区之间的 PN 结记为 J_3 结。

无论何种结构，IGBT 都可以看成是一个由 NPNP 构成的四层器件，其内部存在一个寄生 PNP 晶体管。但是由于 P 阱的深扩散以及 P 阱与 N^+ 发射极的短路，PNP 管的负面作用被抑制，从而保证了 IGBT 承受电流及电压的能力。

2.5.2 IGBT 的工作原理

以 NPT – IGBT 为例，NPT – IGBT 具有正向阻断特性、导通特性和反向阻断特性。

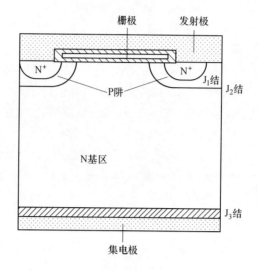

图 2 - 30　平面非穿通型 IGBT 器件结构

（1）当 $U_{GE} > 0$ 时，器件处于正向工作状态。

1）如图 2 - 31 所示，若 $U_{GE} < U_T$，半导体表面不会形成反型层，器件中无电流流过，器件处于正向阻断状态。由反偏 J_2 结来承担 U_{BR}。

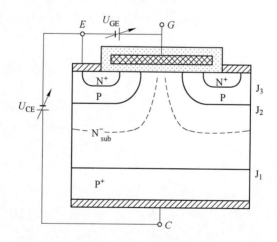

图 2 - 31　$U_{GE} > 0$，且 $U_{GE} < U_T$ 时 NPT - IGBT 的工作状态

2）如图 2 - 32 所示，若 $U_{GE} > U_T$，半导体表面产生强反型，发射区的电子经沟道进入 N^- 漂移区，使原来正偏的 J_1 结更加正偏，于是 P 区向 N^- 区注入空穴。这部分空穴一部分与 MOS 沟道来的电子复合，另一部分被反偏 J_2 结收集到 P 基区，形成空穴电流，于是器件进入正向导通状态。

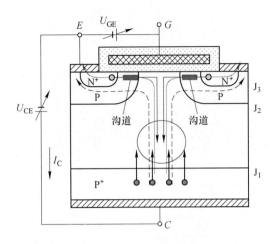

图 2-32 $U_{GE} > U_T$ 时 NPT-IGBT 的工作状态

随着 U_{GE} 增加，注入到 N^- 区的空穴数目增加。当 $\Delta p(x) >> N_D$（其中 $\Delta p(x)$ 为 N^- 区少子浓度，N_D 为 N 区掺杂浓度）时，达到大注入状态，于是 N^- 区受到电导调制效应的影响，R_{on} 大大减小，电流迅速上升。在此区域内，IGBT 类似于 PIN 二极管的导通状态。这时，随着 U_{GE} 的增加，R_{ch} 减小，I_N 增加，I_C 增加，可见：调节 U_{GE} 和 U_{CE} 的大小，就可以改变 I_C 的大小。

3）如图 2-33 所示，若使 G、E 短接使栅电容放电，即 $U_{GE} = 0$ 时，反型层消失，切断了进入 N^- 基区电子的来源，IGBT 开始了关断过程。由于正向导通期间，N^- 基区注入了较多的少子，因此关断不能突然完成，会经历一个少子复合消失的过程。之后，器件进入正向阻断状态，由反偏的 J_2 结来承担 U_{BR}。

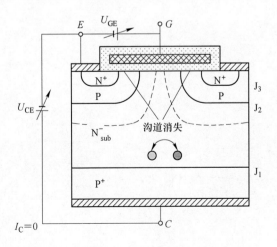

图 2-33 $U_{GE} = 0$ 时 NPT-IGBT 的工作状态

（2）如图 2 - 34 所示，当 $U_{CE} < 0$ 时（反向工作状态），由于 J_1 结反偏，起阻断电流的作用，器件中无电流流过，器件处于反向阻断状态。类似于 PN 结的阻断状态。

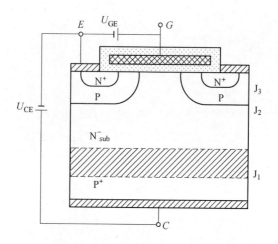

图 2 - 34　$U_{CE} < 0$ 时 NPT – IGBT 的工作状态

2.5.3　IGBT 的工作特性

2.5.3.1　$I - V$ 特性

如图 2 - 35 所示，当 C、E 间加正向电压时（即 $U_{CE} > 0$），器件处于正向工作状态。若 $U_G < U_T$ 时，器件处于正向阻断状态；由 J_2 结承担正向阻断电压；若 $U_G > U_T$ 时，器件处于正向导通状态。当 C、E 间加反向电压时（即 $U_{CE} < 0$），器

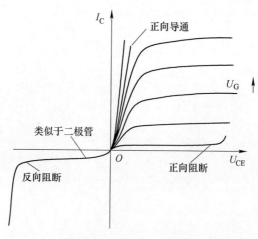

图 2 - 35　IGBT 的 $I - V$ 特性

件处于反向工作状态，由 J_1 结承担反向阻断电压。

由于 IGBT 中存在寄生的 PNPN 晶闸管结构，在一定条件下，当总的电流增益达到 1（即 $\alpha_{NPN} + \alpha_{PNP} > 1$），寄生的晶闸管就会开通，使 IGBT 的栅极失控，这种现象称为闩锁效应。实际中应尽量避免闩锁效应。消除闩锁效应方法：使 R_{Sh} 上的压降小于 0.6V，相当于 J_3 结短路，则 NPN 不起作用。R_{Sh} 值由 P 基区的薄层电阻和发射区的宽度决定。

2.5.3.2 IGBT 的开关特性

（1）开通过程。IGBT 的开通过程如图 2 - 36 所示。在开通过程中，当栅极上突然加上 $U_G > U_T$ 的栅压时，MOS 管导通，形成电子电流 I_N，从而驱动 PNP 晶体管很快导通，又形成空穴电流 I_P，器件中的电流 $I_C = I_N + I_P$；由于少子在宽基区的 PNP 晶体管中渡越需要时间，基区建立与稳态相对应的少子也需要时间，所以 IGBT 的 I_C 也有一个缓慢的上升过程。开通时间由栅电路充电延迟时间和少子在基区渡越时间决定。

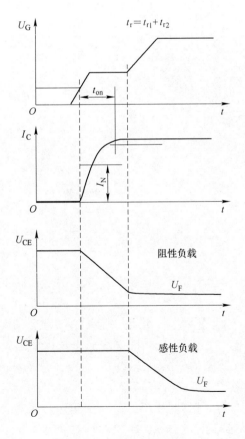

图 2 - 36　IGBT 的开通过程

　　（2）关断过程。当 U_G 突然撤掉时，集电极电流 I_C 下降到 $\Delta I_C = I_{CD}$，ΔI_C 就是电子电流 I_N（$\Delta I_C = I_N$），此时沟道消失。随后，I_C 继续存在，因为此时 I_P 并未突然停止，它由注入 N 基区的少子来维持。随着复合继续进行，少子数减少，直到 I_C 衰减为 0。关断过程分两部分：1）沟道电流的消失过程；2）少子因复合消失的拖尾过程。

　　如图 2 - 37 所示，在关断过程中，器件两端电压 U_{CE} 的变化与负载阻抗有关。当 $I_{ch} = 0$ 时，即 PNP 晶体管的基极驱动电流为 0 时，承受高压的 J_2 结电容开始放电，PNP 晶体管的集电极电流上升。

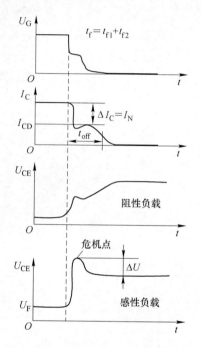

图 2 - 37　IGBT 的关断过程

　　对于电阻负载，U_{CE} 上升较慢，电流拖尾较长，关断时间长。这是因为 PNP 晶体管基区存储的大部分电荷因复合而放电。

　　对于感性负载，U_{CE} 上升很快，由通态压降 U_F 突然上升并超过电源电压，过冲后又回到电源电压。这是由于 J_2 结的电容放电产生的很大位移电流与负载电感引起的。该电流会引发寄生的晶闸管导通。所以，必须限制 dU_{CE}/dt 值。

　　可以看出，IGBT 开关过程中，开通时间为加上 U_G 开始到 I_C 上升到其稳态值 I_{CO} 的 90% 所需的时间。开通时少子渡越时间很短，开通时间很短。关断时间为 I_C 从稳态值 I_{CO} 衰减到其稳态值 I_{CO} 的 10% 所需的时间。关断时少子的复合速度较慢，关断时间较长。

3 功率半导体器件加工工艺

3.1 功率半导体器件加工流程

3.1.1 整流二极管基本工艺流程

　　整流二极管的基础是 PN 结，但通常将整流二极管制作成 PIN 型结构。这种结构的二极管具有较高的反向耐压，而且在通过正向大电流密度的情况下，由于基区电导调制效应，正向压降较小。为了提高耐压，传统 PN 结二极管一般采用深扩散缓变结构，以阻挡 PN 结空间电荷区的扩展；为了减小压降，PN 结二极管通常需要设计成基区穿通结构，以减薄基区，获得较小的压降。这种 PN 结二极管结构的缺点是反向恢复特性较硬，反向恢复时间较长，越来越不适应电力电子技术的发展。目前，整流二极管采用的主流结构形式为 PIN 型，即在二极管的基区轻掺杂 N 型衬底上再扩散出较重掺杂的 N 区。这种整流二极管的具体工艺流程为：首先对 N 型原始硅片进行 P 型杂质扩散，然后磨去一面扩散层进行氧化处理，氧化处理之后保护 P 面腐蚀 N 面氧化层，接着进行二次 N 型杂质扩散形成 PN 结，磷吸收的工艺过程是只进行了扩散的预沉积部分（目的在于提高整流二极管少子寿命值），之后烧结、蒸发、坚膜、喷一角、磨二角、测试和封装。具体的流程如图 3－1 所示。

　　图中，一扩、氧化、二扩、磷吸收属于扩散工序；保护腐蚀属于光刻工序；磨一面、喷一角、磨二角、腐蚀保护属于磨腐工序；蒸发、烧结和坚膜属于烧、蒸、坚工序。其中，扩散是制造功率半导体器件最为关键的工序，其目的是形成功率半导体器件的 PN 结结构，所以扩散质量直接影响到产品的最终成品率。为了保证硅片的扩散质量，操作过程中必须严格执行各类操作规程，日常工装器具清洗必须严格执行工装器具清洗规程。

3.1.2 晶闸管基本工艺流程

　　晶闸管要实现的指标主要包括电压特性、电流特性、动态特性三个方面。通过选择合适的硅单晶及杂质分布，并结合台面双负角造型，来实现晶闸管预期的耐压设计；通过选择合适的单晶片厚和杂质分布，并调整芯片体内少子寿命的大小，来实现晶闸管预期的电流容量。对于晶闸管而言，电压特性和电流容量是相互矛盾的，因此，必须在单晶电阻率、片厚、杂质分布及芯片内少子寿命之间进

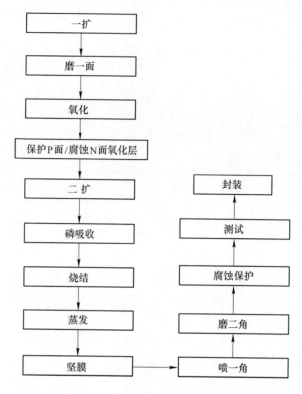

图 3-1　整流二极管基本工艺流程

行优化，使晶闸管的电流容量和电压特性满足特高压换流的应用要求。

晶闸管的动态特性包括开通特性和关断特性，具体体现在电流上升率、电压上升率、门极特性、开通时间、关断时间以及反向恢复电荷等参数。良好的动态特性主要通过优化阴极光刻图形、电子辐照来进行调整。芯片制造完成以后，其反向恢复特性可通过电子辐照来进行调整，反向恢复电荷降低的同时，晶闸管的通态压降会有所增加，即关断损耗的降低是以通态损耗的增加为代价的，通过合理控制电子辐照的能量和剂量，使晶闸管的通态压降和关断特性得以折中和优化。

为确保晶闸管在运行过程中的长期可靠性，设计时都考虑了合理的电压、电流安全裕量。采用台面造型及钝化技术，确保了晶闸管高温电压的稳定性，提高了晶闸管承受反向雪崩电流的能力；通过合理的高温扩散工艺，确保芯片变形量控制在合理的限度内，并通过控制钼片与外壳的平面度、平行度，使芯片、钼片和外壳能紧密结合，优化晶闸管抗浪涌电流的能力；采用电子束蒸发技术在硅片表面形成致密的厚铝膜淀积，钼片表面电镀耐磨铑层，使晶闸管抗热疲劳的能力大大提高。这些措施能有效提高晶闸管的长期运行可靠性。

晶闸管的具体工艺流程如图 3-2 所示。

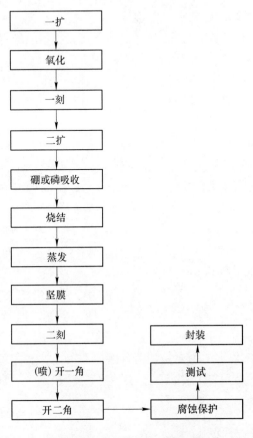

图 3-2　晶闸管基本工艺流程

（1）一扩，即一次扩散，常采用含镓硅粉与纯铝同时扩散的方法。纯铝和纯镓扩散各有其特点，突出的是纯镓扩散可以得到较高的表面浓度，但扩散周期长；纯铝的扩散表面浓度低，但扩散周期短。让铝和镓同时做为扩散杂质源向硅片中扩散，利用铝扩散快的特点决定扩散的结深，利用镓扩散表面浓度高的特点决定扩散的表面浓度，扩散后杂质源的浓度分布是纯铝和纯镓扩散浓度分布的叠加。改变含镓硅粉与纯铝同时扩散时含镓硅粉的用量，可以达到调节表面浓度的目的。

（2）一刻，即一次光刻，其主要用于制作晶闸管的阴极面图形，如短路点、门极等。一次光刻利用光刻胶的保护，对 SiO_2 掩蔽层进行选择性刻蚀，以便二扩（即二次扩散）过程中实现 N 型杂质的定域扩散，其具体流程为：甩胶—前烘—曝光—显定影—抽检—坚膜—保护—腐蚀—抽检—挖槽—去黑胶—去除光刻胶。

（3）烧结是制作晶闸管阳极的工艺。晶闸管的阳极垫片一般采用钼片，因为钼与硅的线膨胀系数比较接近，能确保烧结后芯片不会产生太大的内应力。在钼和硅之间一般采用纯铝或铝硅合金片，一方面由于铝的熔点低，利于烧结，另一方面，硅和铝、钼和铝容易形成共晶体（有利于形成良好的阳极欧姆接触），而且铝和铝硅的价格便宜。在烧结过程中，为避免杂质扩散使芯片污染和氧化，常采用真空烧结炉在高真空下烧结（也可以采用氢气保护烧结）工艺完成硅－铝硅－钼片的烧结。

（4）硼或磷吸收工艺主要用途是提高少子寿命。磷、硼吸收工艺，都是在一定的温度下，利用磷、硼原子与硅原子之间结构差异，将磷或硼原子扩散到硅片距表面一定深处引起失配位错，而产生应变，形成应力吸杂中心，然后采用腐蚀溶液腐蚀吸杂层，从而达到去除部分杂质的目的。

（5）蒸发和坚膜是制作晶闸管阴极的工艺。其主要是利用电子束蒸发设备在晶闸管芯片的阴极面蒸镀铝膜，并通过坚膜（即合金）工艺实现蒸镀铝膜与硅片之间形成良好的欧姆接触。

（6）二刻，即二次光刻，其主要是完成阴极和门极铝膜或其他金属膜的刻蚀，使门极和阴极分离。其具体过程如下：预烘—甩胶—前烘—曝光—显定影—抽检—坚膜—保护—腐蚀—去黑胶—去除光刻胶—检查。

（7）开一角和二角工艺主要是利用台面造型工艺，展宽芯片表面的 PN 结空间电荷区宽度，从而提高芯片耐压。台面造型工艺结束后，通常还需要在台面上涂敷硅胶或聚酰亚胺等介质进行保护。

3.1.3　烧、蒸、坚工序流程

烧、蒸、坚工序流程如图 3－3 所示。

烧、蒸、坚工序专指制作功率半导体器件阴阳极的工序。在这一工序需要注意：

（1）烧结炉定期装入石墨模具加 900℃ 高温进行空烧处理。

（2）蒸发台钢圈应定期（每月一次）用氢氧化钠腐蚀去铝至光亮。

（3）所有工装用具，镊子、手术刀等每半月处理一次，用洗涤灵与去离子水 20∶1 在超声清洗 20min，然后用去离子水冲至无泡沫为止，最后保存在乙醇磨口瓶中，防止沾污。

3.1.4　硅片清洗处理

清洗工艺的基本要求是去除沾污。对半导体芯片制造商而言，这种清洗

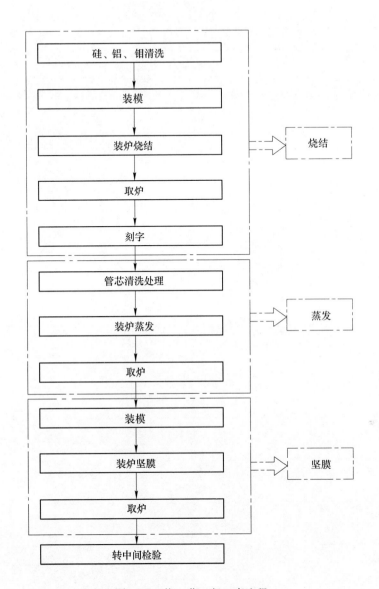

图3-3 烧、蒸、坚工序流程

是至关重要的，因为人们通常认为集成电路制造中，超过50%的成品率损失是由微沾污引起的。而且，任何残留在表面的金属，可扩展和扩散到半导体内部，引起芯片的成品率损失和可靠性的降低。不管是特殊沾污还是一般沾污，或者不管沾污来源是已知的还是未知的，清洗的本质都是成功地去除沾污。

许多化学溶液已被用于清洗晶片，具体见表3-1。

表 3 - 1　常用晶片清洗化学溶液

溶 液	化 学 表 示	通 用 名 称	目 的
氨的氢氧化物/过氧化氢/水	$NH_4OH/H_2O_2/H_2O$	RCA - 1、SC - 1（标准清洗 1 号液）、APM（氨水/过氧化氢混合物）	去除轻微有机物、微粒和金属；在硅片表面生长一层薄氧化层
盐酸/过氧化氢/水	$HCl/H_2O_2/H_2O$	RCA - 2、SC - 2（标准清洗 2 号液）、HPM（盐酸/过氧化氢混合物）	去除重金属、碱、金属以及氢氧化物；在硅片表面生长一层薄氧化层
硫酸/过氧化氢	H_2SO_4/H_2O_2	SPM（硫/过氧化氢混合物）	去除重金属
氢氟酸/水	HF/H_2O	HF、DHF（稀释 HF）	去除硅的氧化物
氢氟酸/氟化铵/水	$HF/NH_4F/H_2O$	BOE（缓冲氧化物刻蚀液）、BHF（缓冲氢氟酸）	去除硅的氧化物
硝酸	HNO_3		去除有机物和重金属
胆碱	$(CH_3)_3N^+-CH_2CH_2OH-OH$	羟乙基三甲基铵氢氧化物	去除金属和有机物
胆碱/过氧化氢/水	$(CH_3)_3N^+-CH_2CH_2OH-OH/H_2O_2/H_2O$	胆碱/过氧化氢	去除重金属、有机物和微粒
氨的过硫酸盐/硫酸	$(NH_4)_2SO_4/H_2SO_4$	SA - 80	去除有机物
过硫酸/硫酸	$H_2S_2O_8/H_2SO_4$	PDSA、"Carosacid"、"水虎鱼"	去除有机物
去离子水中溶解臭氧	O_3/H_2O	臭氧化的水	可在硅片表面形成氧化层、去除有机物
硫酸/臭氧/水	$H_2SO_4/O_3/H_2O$	SOM（硫酸臭氧混合物）	去除有机物
氢氟酸/硝酸	HF/HNO_3		去除轻微硅刻蚀、金属
氢氟酸/过氧化氢	HF/H_2O_2		去除轻微硅刻蚀、金属

3.1.5　各工序检查标准

（1）一扩后检验：该工序检测的主要方法有利用金相显微镜等芯片表面观

测设备观测芯片表面有无划道、有无变型、有无腐蚀坑，或采用扩展电阻测试技术或硫酸铜显结法、伏安特性测一次扩散结深和表面浓度。硫酸铜显结法具体原理如下：

先把硅片用蜡粘在磨角器上，利用玻璃板和金刚砂将芯片研磨成如图 3 - 4 (b) 所示情况，再用 3% ~7% 的硫酸铜溶液加上几滴氢氟酸，对磨后的表面进行 PN 结染色（加上强光照，其加热作用），硫酸铜溶液的铜离子沉积在 N 型区呈红色，就能把扩散片的 P 型和 N 型区分出来，在读取显微镜下读出 a 和 b 的距离，若已知硅片实际厚度为 d，则根据几何上的关系可知扩散结深 $X_j = ad/(2a + b)$。

注意：显结时，所磨结面必须表面平整，避免磨成球面；研磨时先用粗金刚砂研磨，最后用 14 目（4750μm）的细金刚砂再将结面磨平；测量方向必须沿垂直于结的方向进行，禁止倾斜。

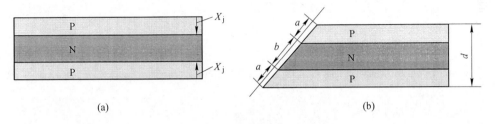

图 3 - 4　磨角前后端面示意图

（2）氧化工艺检测：氧化后，生长的氧化层应颜色均匀、表面光亮、干燥、清洁，无肉眼可见针孔等微缺陷。氧化层的厚度应在 1.25μm 左右，经蘸浸 HF 后，氧化层斜面的干涉条纹数应大于等于 6。检查硅片边缘的崩边情况，崩边尺寸应小于 0.5mm。崩边尺寸大于 0.5mm 而小于 0.7mm 的，为次品；>0.7mm 为废品。

（3）一次光刻：光刻图形应完整、清晰，边缘整齐干净，肉眼见不到钻蚀，且光刻图形与硅圆片圆心无明显偏心现象。光刻胶去除后，硅片表面应干净，且无水痕。边角区域无新增崩边出现。整个光刻过程中，硅片的崩边要求与一次扩散后崩边状态一致。一次光刻后，阴极区应无残留的氧化层，若残留的氧化物斑点直径在 1mm 以下，且远离阴极内圈，该芯片即为次品；若残留氧化物斑点直径大于 1mm，或数量大于 3 个，该芯片即为废品。

（4）二次扩散：扩散后硅片表面应无明显的划痕、形变、腐蚀坑、明显污物和合金点等缺陷。二次扩散后，崩边尺寸小于 0.5mm 的，芯片为正品；崩边尺寸大于 0.5mm 且小于 0.7mm 的为次品；崩边大于 0.7mm 的为废品。腐蚀掉磷硅玻璃层后，芯片无反型层出现。

（5）磷吸收：吸收后硅片表面应无划道、新形变、腐蚀坑、明显污物、合金点等缺陷，且表面应无水痕、沾污点、残留氧化层、反型层等出现。硅片边缘崩边尺寸小于 0.5mm 的为正品；崩边尺寸大于 0.5mm 且小于 0.7mm 的为次品；崩边尺寸大于 0.7mm 的为废品。

（6）割圆：割圆后，要求硅片表面清洁、无污物、边缘整齐无缺口、崩边等。若出现崩边，则崩边尺寸小于 0.5mm 的为正品；崩边尺寸大于 0.5mm 小于 0.7mm 的为次品；崩边尺寸大于 0.7mm 的为废品。阳极面原则上不允许崩边，如若出现崩边时，崩边尺寸大于 0.2mm 的为正品，崩边尺寸小于 0.5mm 的为次品；崩边尺寸大于 0.7mm 的为废品。割圆片应割透硅片，不能有分层现象，如有为废品。割圆片应与阴极面图形同心，如偏离 0.2mm 以下为合格品，0.4mm 以下为次品，0.4mm 以上为废品。割圆片直径应符合要求，直径公差超出 +0.1mm 或 −0.2mm 为废品。

（7）烧结：芯表面应清洁、无氧化、腐蚀均匀、无明显腐蚀坑，且钼片应无明显氧化层。圆形钼片与圆形芯片结合良好，且二者圆心相同。芯片边缘应无流铝、返铝现象。若芯片边缘存在流铝和返铝现象，需要去除干净，否则视为次品退回返修；存在流铝且影响下道工序质量的为废品。烧结完的芯片边缘应无空洞、裂纹，且沾润良好。具体检验规定如下：管芯喷角后，边缘有明显裂纹、缝隙和崩边现象的为废品；边缘有沾润不良痕迹，不良痕迹连续超过 5mm 为废品；边缘有沾润不良痕迹，不良痕迹连续大于 2mm、小于 5mm 为次品。

（8）镀膜、坚膜：铝膜蒸镀的厚度应大于 2μm（直径大于 50mm 芯片，蒸镀铝膜厚度不小于 5μm）。蒸镀的铝膜应为银白色。铝层太薄，呈灰色、黑色或表面有黑色、灰色斑点均为不合格品，需重新蒸镀；退火不均匀，铝膜与硅片黏附不牢，需要蒸镀；表面存在铝颗粒者为芯片废品；坚膜后硅片表面不许有划道、掉铝现象；崩边的衡量标准与割圆标准一致。

（9）二次光刻：光刻后，图形应清晰、完整、边缘整齐、套刻准确（最大套刻偏 0.1mm），否则需要返工；二刻后，铝层光洁、完整、无钻蚀、无划道、无掉铝，否则返工。光刻胶应去干净，管芯表面不得有污物。图形中应没有引起短路的小岛，否则返工。

（10）喷角：芯片所喷的角度正确，达到作业指导书的要求，否则返工。硅片边缘整齐，没有崩边，否则返工。喷过后的管芯阴极面积不得小于所要求的尺寸，小于要求尺寸的为废品。喷过后的管芯表面铝膜完整、无划伤、喷伤的痕迹。

（11）磨角腐蚀：硅片表面光亮、清洁、无污物、掉铝现象，否则返工；台面上硅和钼用硅橡胶保护完整、严密；硅橡胶不能涂到铝层上，否则返工；硅橡胶要平整、无气泡，且固化良好，否则返工；管芯阴极面积不得小于所要求的尺寸，小于的为废品；按要求测试管芯电参数，符合要求为合格品，否则为废品。

（12）减薄（磨一面）：磨一面后的硅片表面应平整、清洁、无水迹、无蜡。磨一面后的硅片应无崩边、裂纹、碎片、划痕；若有崩边、裂纹、碎片的硅片还可以割下一个直径小的合格品，其他为废品。减薄的厚度应在工艺要求的范围内，每一硅片必须按五点法，进行厚度测试。同一硅片厚度误差应在 $10\mu m$ 以内。

3.2 扩散工序

扩散技术目的在于控制半导体中特定区域内杂质的类型、浓度、深度和 PN 结。在集成电路发展初期，半导体器件生产技术是集成电路的主要技术之一。但随着离子注入的出现，扩散工艺因在制备浅结、低浓度掺杂和控制精度等方面的巨大劣势日益突出，在制造技术中的使用已大大降低。

高温下，单晶固体中会产生空位和填隙原子之类的点缺陷。当存在主原子或杂质原子的浓度梯度时，点缺陷会影响原子的运动。在固体中的扩散能够被看成为扩散物质借助于空位或自身填隙在晶格中的原子运动。在高温情况下，晶格原子在其平衡晶格位置附近振动。当某一晶格原子偶然地获得足够的能量而离开晶格位置时，就成为一个填隙原子，同时产生一个空位。当邻近的原子向空位迁移时，这种机理称为空位扩散。

假如填隙原子从一处移向另一处而并不占据晶格位置，则称为填隙扩散。一个比主原子小的原子通常做填隙式运动。填隙原子扩散所需的激活能比那些按空位机理扩散的原子所需的激活能要低。

采用统计热力学的方法能估算给定晶体的点缺陷浓度和激活能并发展其扩散理论，然后可将理论结果与实验结果做比较。例如，就硅而言，Ⅲ 和 Ⅴ 族元素通常认为是空位机理占优势的扩散。Ⅰ 和 Ⅷ 族元素的离子半径不大，它们在硅中都能快速扩散，通常认为它们是按填隙机理扩散的。当杂质浓度高，呈现位错或有其他高浓度杂质存在时，用这些简单的原子机理来描述扩散就不适当了。当杂质浓度和位错密度都不高时，杂质扩散可以用扩散系数恒定的 Fick 定律来描述。对于高杂质浓度情况，要用与浓度有关的扩散系数与所假定的原子扩散机理或其他机理相结合来描述。

3.2.1 一维 Fick 扩散方程

1855 年 Fick 发表了他的扩散理论。假定在无对流液体（或气体）稀释溶液内，按一维流动形式，每单位面积内的溶质传输可由如下方程描述：

$$J = -D\frac{\partial N(x,t)}{\partial t} \qquad (3-1)$$

式中，J 为单位面积的溶质的传输速率（或扩散通量）；N 为溶质的浓度，假定

它仅仅是 x 和 t 的函数；x 为溶质流动方向的坐标；t 为扩散时间；D 为扩散系数。

式（3－1）称为 Fick 扩散第一定律。它表明扩散物质按溶质浓度减少的方向（梯度的负方向）流动。

根据质量守恒定律，溶质浓度随时间的变化必须与扩散通量随位置的变化一样，即：

$$\frac{\partial N(x,t)}{\partial t} = -\frac{\partial J(x,t)}{\partial x} \tag{3-2}$$

将式（3－1）代入式（3－2），得到一维形式的 Fick 第二定律：

$$\frac{\partial N(x,t)}{\partial t} = \frac{\partial}{\partial x}\left[D\frac{\partial N(x,t)}{\partial x}\right] \tag{3-3}$$

溶质浓度不高时，扩散系数可以认为是常数，式（3－3）便成为：

$$\frac{\partial N(x,t)}{\partial t} = D\frac{\partial^2 N(x,t)}{\partial x^2} \tag{3-4}$$

方程（3－4）称为简单的 Fick 扩散方程。

3.2.2　恒定扩散系数

硅晶体中形成结的杂质扩散可以在两种条件下容易地进行：一种是恒定表面浓度条件，另一种是恒定掺杂剂总量条件。恒定表面浓度扩散在整个扩散过程中，硅表面及表面以外的扩散掺杂剂浓度保持不变。

用 $N(x, t)$ 表示 t 时刻硅片内不同位置处的掺杂浓度，则初始条件可表示为：

$$N(x,0) = 0 \quad (t=0, x>0) \tag{3-5}$$

边界条件为：

$$N(0,t) = N_{\mathrm{S}} \quad (x=0, t>0) \tag{3-6}$$

式中，N_{S} 是恒定的表面浓度。

$$N(\infty, t) = 0 \tag{3-7}$$

方程（3－4）满足初始条件式（3－5）和边界条件式（3－6）、式（3－7）的解为：

$$N(x,t) = N_{\mathrm{S}}\,\mathrm{erfc}\frac{x}{2\sqrt{Dt}} \tag{3-8}$$

式中，D 为恒定的扩散系数；x 为位置坐标；t 为扩散时间；erfc 为余误差函数符号。

扩散物质浓度等于基体浓度的位置，定义为扩散结 x_{j}。假定扩散层的导电类型与基体的导电类型相反，在余误差函数分布曲线图上，可以方便地表示出扩散掺杂的分布和 PN 结附近基体掺杂的分布。

恒定掺杂剂总量扩散是指在硅片表面上以固定（恒定）的单位面积掺杂剂

总量 Q 淀积一薄层掺杂剂并向硅里扩散。基体具有相反导电类型的掺杂浓度 N_b（原子/cm^3）。

初始条件为：

$$N(x,t) = 0 \qquad (3-9)$$

边界条件为：

$$\int_0^x N(x,t)\,\mathrm{d}x = Q \qquad (3-10)$$

和

$$N(x,\infty) = 0 \qquad (3-11)$$

满足条件式（3-9）~式（3-11）的方程（3-4）的解为：

$$N(x,t) = \frac{Q}{\sqrt{\pi Dt}}\exp\left(-\frac{x^2}{4Dt}\right) \qquad (3-12)$$

令 $x=0$，得到表面浓度：

$$N_S = N(0,t) = \frac{Q}{\sqrt{\pi Dt}} \qquad (3-13)$$

式（3-12）称为高斯分布，相应的扩散条件称为预淀积扩散。

3.2.3 扩散系数与温度的关系

在整个扩散温度范围内，实验测量得的扩散系数通常能表示为：

$$D = D_0\exp\left(-\frac{E}{kT}\right) \qquad (3-14)$$

式中，D_0 为本征扩散系数，形式上等于扩散温度趋于无穷大时的扩散系数，根据缺陷–杂质相互作用的原子扩散理论，它与原子跃迁频率或晶格振动频率（通常为 10^{13} Hz）及杂质、缺陷或缺陷–杂质对的跃迁距离有关，在扩散温度范围内，D_0 常常可以认为与温度无关；E 为扩散激活能，它与缺陷杂质复合体的动能和生成能有关；T 为温度；k 为玻耳兹曼常数。

在金属和硅中某些遵循简单空位扩散模型的元素，E 在 $3\sim4\text{eV}$ 之间，而填隙扩散模型的 E 则在 $0.6\sim1.2\text{eV}$ 之间。因此，利用作为温度函数的扩散系数的测量，我们可以确定某种杂质在硅中的扩散是填隙机理还是空位机理占优势。对于快扩散物质来说，实测的激活能一般小于 2eV，其扩散机理可以认为与填隙原子的运动有关。

3.2.4 扩散参数

实践中，表面浓度可以通过测量扩散层的结深和"方块电阻"计算得出。

（1）扩散结深。扩散结深就是 PN 结所在的几何位置，也即扩散杂质浓度与衬低杂质浓度相等的位置到硅片表面的距离，用 x_j 来表示。

$$x_j = A\sqrt{Dt} \tag{3-15}$$

式中，A 是一个与 N_S、N_B 有关的常数。对应不同的杂质浓度分布函数，其表达式也不同。

余误差函数分布

$$A = 2\,\text{erfc}^{-1}\left(\frac{N_B}{N_S}\right) \tag{3-16}$$

高斯函数分布

$$A = 2\left(\ln\frac{N_S}{N_B}\right)^{\frac{1}{2}} \tag{3-17}$$

式中，erfc^{-1} 称为反余误差函数；$\ln$ 为自然对数。在通常的工艺范围，N_S/N_B 在 $10^2 \sim 10^7$ 范围时，可以查工艺图表确定。

（2）扩散层的方块电阻。扩散层的方块电阻又称为薄层电阻，用 R_S 或 $R_\square$ 来表示，它表示表面为正方形的扩散薄层，在电流方向上所呈现出来的电阻。由电阻公式

$$R = \rho\frac{L}{S} \tag{3-18}$$

可知，薄层电阻表达式可以写成：

$$R_S = \bar{\rho}\frac{L}{x_j L} = \frac{\bar{\rho}}{x_j} = \frac{1}{x_j\bar{\sigma}} \tag{3-19}$$

式中，$\bar{\rho}$、$\bar{\sigma}$ 分别为扩散薄层的平均电阻率和平均电导率。

由式（3-19）可知，薄层电阻的大小与薄层的长短无关，而与薄层的平均电导率、薄层厚度（即结深 x_j）成反比。为了表示薄层电阻不同于一般的电阻，其单位用欧姆/方块（$\Omega/\square$）表示。下面我们简单分析一下薄层电阻的物理意义。

我们知道，在杂质均匀分布的半导体中，假设在室温下杂质已经全部电离，则半导体中多数载流子浓度就可以用净杂质浓度来表示。对于扩散薄层来说，在扩散方向上各处的杂质浓度是不相同的，载流子迁移率也是不同的。但是当我们使用平均值概念时，扩散薄层的平均电阻率 $\bar{\rho}$ 与平均杂质浓度 $\overline{N}(x)$ 应该有这样的关系：

$$\bar{\rho} = \frac{1}{q\,\overline{N}(x)\bar{\mu}} \tag{3-20}$$

式中，q 为电子电荷电量；$\overline{N}(x)$ 为平均杂质浓度；$\bar{\mu}$ 为平均迁移率。

把式（3-20）代入式（3-19），可以得到：

$$R_S = \frac{\bar{\rho}}{x_j} = \frac{1}{q\,\overline{N}(x)\bar{\mu}x_j} \approx \frac{1}{q\mu Q} \tag{3-21}$$

式中，Q 为单位面积扩散层内的掺杂剂总量。

由式（3-21）可以看到，薄层电阻与单位面积扩散层内的净杂质总量 Q 成反比。因此 R_S 的数值就直接反映了扩散后在硅片内的杂质量的多少。

（3）扩散层的表面杂质浓度。表面杂质浓度是半导体器件的一个重要结构参数，在半导体器件的设计、制造过程中，或者在分析器件特性时，经常会用到。表面杂质浓度可以采用现代仪器分析技术直接测量，但是测量费用价格昂贵，费时较长，因此在生产实践中，通常采用工程图解法和计算法间接得到。

3.3 氧化工艺

在硅片表面生长一层优质的氧化层对整个半导体集成电路制造过程具有极为重要的意义。它不仅是离子注入或热扩散的掩蔽层，而且也是保证器件表面不受周围气氛影响的钝化层；它不仅是器件与器件之间电学隔离的绝缘层，而且也是 MOS 工艺以及多层金属化系统中保证电隔离的主要组成部分。因此了解硅氧化层的生长机理，控制并重复生长优质的硅氧化层方法对保证高质量的集成电路可靠性是至关重要的。

在硅片表面形成 SiO_2 的技术有热氧化生长、热分解淀积（即 VCD 法）、外延生长、真空蒸发、反应溅射及阳极氧化法等多种方法。其中热生长氧化在集成电路工艺中用得最多，其操作简便，且氧化层致密，足以用作为扩散掩蔽层，易通过光刻形成定域扩散图形等其他应用。

3.3.1 热氧化原理

热生长二氧化硅法是将硅片放在高温炉内，在以水汽、湿氧或干氧作为氧化剂的氧化气氛中，使氧与硅反应来形成一薄层二氧化硅。图 3-5 和图 3-6 分别给出了干氧和水汽氧化装置的示意图。

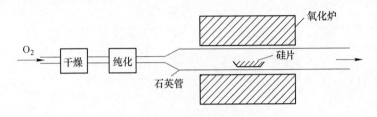

图 3-5　干氧氧化装置

将经过严格清洗的硅片表面处于高温的氧化气氛（干氧、湿氧、水汽）中时，由于硅片表面对氧原子具有很高的亲和力，所以硅表面与氧迅速形成 SiO_2

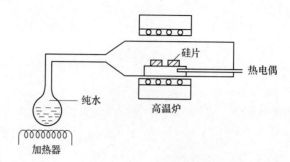

图 3-6　水汽氧化装置

层。硅的常压干氧和水汽氧化的化学反应式分别为：

$$Si + O_2 \longrightarrow SiO_2 \qquad\qquad (3-22)$$

$$Si + 2H_2O \longrightarrow SiO_2 + 2H_2 \uparrow \qquad\qquad (3-23)$$

如果生长的 SiO_2 厚度为 $X_o(\mu m)$，所消耗的 Si 厚度为 X_i，则由定量分析可知：

$$\alpha = \frac{X_i}{X_o} = 0.46 \qquad\qquad (3-24)$$

即生长 $1\mu m$ 的 SiO_2，要消耗掉 $0.46\mu m$ 的 Si。由于不同热氧化法所得 SiO_2 的密度不同，故 α 值亦不同。图 3-7 示出了硅片氧化前后表面位置的变化。

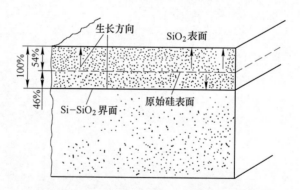

图 3-7　SiO_2 生长对应硅片表面位置的变化

3.3.2　氧化层的作用

当硅片表面生长一薄层 SiO_2 以后，它阻挡了 O_2 或 H_2O 直接与硅表面接触，此时氧原子和水分子必须穿过 SiO_2 薄膜到达 $Si\text{-}SiO_2$ 界面才能与硅继续反应生长 SiO_2。显然，随着氧化层厚度的增长，氧原子和水分子穿过氧化膜进一步氧化就越困难，所以氧化膜的增厚率将越来越小。Deal-Grove 的模型描述了硅氧化的动力学过程。这些模型对氧化温度 700 ~ 1300℃、压强 0.2 ~ 1 个大气压（也许更高些）、生长厚度 30 ~ 2000nm 的干氧和湿氧氧化证明是合适的。

多种实验已经证明，硅片在热氧化过程中是氧化剂穿透氧化层向 Si-SiO$_2$ 界面运动并与硅进行反应，而不是硅向外运动到氧化膜的外表面进行反应，其氧化模型如图 3 - 8 所示。氧化剂要到达硅表面并发生反应，必须经历以下 3 个连续的步骤：

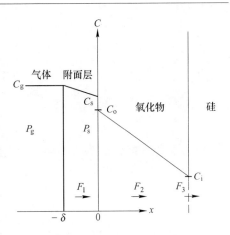

图 3 - 8　Deal-Grove 热氧化模型

（1）从气体内部输运到气体 - 氧化物界面，其流密度用 F_1 表示。

（2）扩散穿透已生成的氧化层，到达 SiO$_2$ - Si 界面，其流密度用 F_2 表示。

（3）在 Si 表面发生反应生成 SiO$_2$，其流密度用 F_3 表示。

在氧化过程中，由于 SiO$_2$ 层不断生长，所以 SiO$_2$ - Si 界面也就不断向 Si 内移动，因此，这里所碰到的是边界随时间变化的扩散问题。我们可以采用准静态近似，即假定所有反应实际上都立即达到稳定条件，这样变动的边界对扩散过程的影响可以忽略。在准静态近似下，上述 3 个流密度应该相等，即

$$F_1 = F_2 = F_3 \tag{3-25}$$

附面层中的流密度取线性近似，即从气体内部到气体 - 氧化物界面处的氧化剂流密度 F_1 正比于气体内部氧化剂浓度 C_g 与贴近 SiO$_2$ 表面上的氧化剂浓度 C_s 的差，数学表达式为：

$$F_1 = h_g(C_g - C_s) \tag{3-26}$$

式中，h_g 为气相质量输运（转移）系数。

假定在所讨论的热氧化过程中，亨利定律是成立的，即认为在平衡条件下，固体中某种物质的浓度正比于该物质在固体周围的气体中的分压。于是 SiO$_2$ 表面的氧化剂浓度 C_o 正比于贴近 SiO$_2$ 表面的氧化剂分压 p_s，则有：

$$C_o = Hp_s \tag{3-27}$$

式中，H 为亨利定律常数。

在平衡情况下，SiO$_2$ 中氧化剂的浓度 C^* 应与气体（主气流区）中的氧化剂分压 p_g 成正比，即

$$C^* = Hp_g \tag{3-28}$$

由理想气体定律可以得到：

$$C_g = \frac{p_g}{KT} \tag{3-29}$$

$$C_s = \frac{p_s}{KT} \tag{3-30}$$

把式（3-27）~式（3-30）代入式（3-26）中，则有：

$$F_1 = h(C^* - C_o) \tag{3-31}$$

$$h = \frac{h_g}{HKT} \tag{3-32}$$

式中，h 为用固体中的浓度表示的气相质量输运（转移）系数。

式（3-31）是用固体中的浓度表示的附面层中的流密度。

通过 SiO_2 层的流密度 F_2 就是扩散流密度，数学表达式为：

$$F_2 = -D\frac{C_o - C_i}{X_o} \tag{3-33}$$

式中，D 为氧化剂在 SiO_2 中的扩散系数；C_o 和 C_i 分别为 SiO_2 表面和 SiO_2-Si 界面处的氧化剂浓度；X_o 为 SiO_2 的厚度。

如果假定在 SiO_2-Si 界面处，氧化剂与 Si 反应的速率正比于界面处氧化剂的浓度 C_i，于是有：

$$F_3 = K_s C_i \tag{3-34}$$

式中，K_s 为氧化剂与 Si 反应的化学反应常数。

根据稳态条件 $F_1 = F_2 = F_3$，再经过一定的数学运算，可得到 C_i 和 C_o 的具体表达式：

$$C_i = \frac{C^*}{1 + \frac{K_s}{h} + \frac{K_s X_o}{D}} \tag{3-35}$$

$$C_o = \frac{\left(1 + \frac{K_s X_o}{D}\right)C^*}{1 + \frac{K_s}{h} + \frac{K_s X_o}{D}} \tag{3-36}$$

当上面两式中扩散系数 D 极大或极小时，硅的热氧化存在两种极限情况。当 D 非常小时，$C_i \to 0$，$C_o \to C^*$，这种情况称为扩散控制态。它导致通过氧化层的氧化输运流量比在 Si-SiO_2 界面处反应的相应流量来得小（因为 D 小），因此氧化速率取决于界面处提供的氧。

第二种极限情况是 D 非常大时，

$$C_i = C_o = \frac{C^*}{1 + \frac{K_s}{h}} \tag{3-37}$$

此时称为反应控制态。因为在 Si-SiO_2 界面处提供足够的氧，氧化速率是由反应速率常数 K_s 和 C_i（等于 C_o）所控制。

为了计算氧化层生长的速率，我们定义 N_1 为进入单位体积氧化层中氧化的分子数，由于每立方厘米氧化层中 SiO_2 分子密度为 2.2×10^{22} 个，每生成一个 SiO_2 分子需要一个氧分子，或者两个水分子，这样对氧气氧化来说 N_1 为 2.2×10^{22} 个/cm^3，对水汽氧化来说 N_1 为 4.4×10^{22} 个/cm^3。

随着 SiO_2 不断生长，界面处的 Si 也就不断转化为 SiO_2 中的成分，因此 Si 表面处的流密度也可表示为：

$$F_3 = N_1 \frac{\mathrm{d}X_o}{\mathrm{d}t} \tag{3-38}$$

把式（3-35）代入到式（3-34）中，并与式（3-38）联立，则得到 SiO_2 层的生长厚度与生长时间的微分方程：

$$N_1 \frac{\mathrm{d}X_o}{\mathrm{d}t} = F_3 = \frac{K_s C^*}{1 + \dfrac{K_s}{h} + \dfrac{K_s X_o}{D}} \tag{3-39}$$

这个微分方程的初始条件是 $X_o(0) = X_i$，X_i 代表氧化前硅片上原有的 SiO_2 厚度。这样的初始条件适合两次或多次连续氧化的实际情况。微分方程（3-39）的解给出了 SiO_2 的生长厚度与时间的普遍关系。

$$X_o^2 + AX_o = B(t + \tau) \tag{3-40}$$

$$A = 2D\left(\frac{1}{K_s} + \frac{1}{h}\right) \tag{3-41}$$

$$B = \frac{2DC^*}{N_1} \tag{3-42}$$

$$\tau = \frac{X_i^2 + AX_i}{B} \tag{3-43}$$

式中，A 和 B 都是速率常数。

方程（3-40）的解为：

$$X_o = \frac{A}{2}\left(\sqrt{1 + \frac{t + \tau}{\dfrac{A^2}{4B}}} - 1\right) \tag{3-44}$$

在氧化过程中，首先是氧化剂由气体内部扩散到 SiO_2 界面处。因为在汽相中扩散速度要比在固相中大得多，所以扩散到 SiO_2 与气体界面处的氧化剂是充足的，也就是说 SiO_2 的生长速率不会受到氧化剂在汽相中输运（转移）速度的影响。因此，SiO_2 生长的快慢将由氧化剂在 SiO_2 中的扩散速度以及与 Si 反应速度中较慢的一个因素决定。即存在上面叙述的扩散控制和表面化学反应控制两种极限情况。

从 SiO_2 厚度与生长时间的普遍关系式（3-44）中也可以得到上述两种极限情况。当氧化时间很长，即 $t \gg \tau$ 和 $t \gg \dfrac{A^2}{4B}$ 时，则 SiO_2 生长厚度与时间的关系式可简化为：

$$X_o^2 = B(t + \tau) \tag{3-45}$$

这种情况下的氧化规律称为抛物线形规律，B 为抛物线形速率常数。由式 (3-42) 可以看到，B 与 D 成正比，所以 SiO_2 的生长速率主要由氧化剂在 SiO_2 中的扩散快慢所决定，即为扩散控制。

当氧化时间很短，即 $(t + \tau) << \dfrac{A^2}{4B}$，则 SiO_2 的厚度与时间的关系式可简化为：

$$X_o = \frac{B}{A}(t + \tau) \tag{3-46}$$

这种极限情况下的氧化规律称为线性规律，B/A 为线性速率常数，具体表达式为：

$$\frac{B}{A} = \frac{K_s h}{K_s + h} \cdot \frac{C^*}{N_1} \tag{3-47}$$

表 3-2 和表 3-3 分别为硅湿氧氧化和干氧氧化的速率常数。图 3-9 和图 3-10 分别为干氧氧化层厚度与时间的关系和湿氧氧化层厚度与时间的关系。

表 3-2　硅的湿氧氧化速率常数

氧化温度 /℃	$A/\mu m$	抛物线形速率常数 $B/\mu m^2 \cdot h^{-1}$	线性速率常数 $\dfrac{B}{A}/\mu m \cdot h^{-1}$	τ
1200	0.05	0.720	14.40	0
1100	0.11	0.510	4.64	0
1000	0.226	0.287	1.27	0
920	0.50	0.203	0.406	0

表 3-3　硅的干氧氧化速率常数

氧化温度 /℃	$A/\mu m$	抛物线形速率常数 $B/\mu m^2 \cdot h^{-1}$	线性速率常数 $\dfrac{B}{A}/\mu m \cdot h^{-1}$	τ
1200	0.040	0.045	1.12	0.027
1100	0.090	0.027	0.30	0.076
1000	0.165	0.0117	0.071	0.37
920	0.235	0.0049	0.0208	1.40
800	0.370	0.0011	0.0030	9.0
700			0.00026	81.0

由表 3-2 和表 3-3 以及图 3-9 和图 3-10 可见，湿氧氧化速率比干氧氧

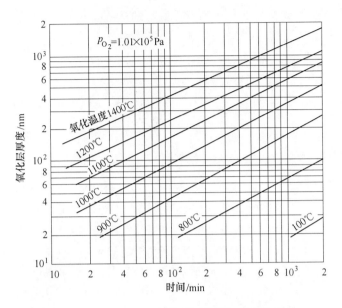

图 3-9 （111）硅干氧氧化层厚度与时间的关系

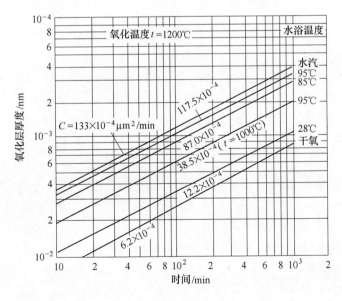

图 3-10 （111）硅湿氧氧化层厚度与时间的关系

化速率快得多。虽然干氧方法的生长速度很慢，但生长的 SiO_2 薄膜结构致密、干燥、均匀性和重复性好，且 SiO_2 表面与光刻胶接触良好，光刻时不易浮胶。而湿氧氧化速率虽然快，但在氧化后的 Si 片表面存在较多的位错和腐蚀坑，而

且还存在着一层使 SiO_2 表面与光刻胶接触差的硅烷醇（Si – OH），因此在生产实践中，普遍采用"干氧—湿氧—干氧"交替的氧化方式。这种干、湿氧的交替氧化方式解决了生长速率和质量之间的矛盾，使生长的 SiO_2 薄膜更好地满足实际生产的要求。

氧化层质量的检测包括测量膜厚、折射率、氧化层中可动正电荷密度、Si – SiO_2 界面态密度、氧化层的漏电及介质击穿等。

3.4　欧姆电极制备

金属 – 半导体接触（金半接触）是制作半导体器件中十分重要的问题，接触情况直接影响器件的性能。从性质上，金属 – 半导体接触可以分为肖特基接触和欧姆接触。肖特基接触的特点是接触区的电流 – 电压特性是非线性的，呈现出二极管的特性，因而具有整流效应，所以肖特基接触又称整流接触。欧姆接触的特点是不产生明显的附加阻抗，而且不会使半导体内部的平衡载流子浓度产生明显的改变。理想的欧姆接触的接触电阻与半导体器件相比应当很小，当有电流通过时，欧姆接触上的电压降应当远小于半导体器件本身的电压降，因而这种接触不会影响器件的电流 – 电压特性。下面从理论上对金属 – 半导体接触进行简要的分析。

当金属 – 半导体接触的接触区的 $I – V$ 曲线是线性的，并且接触电阻相对于半导体体电阻可以忽略不计时，则可被定义为欧姆接触。良好的欧姆接触并不会降低器件的性能，并且当有电流通过时产生的电压降比器件上的电压降还要小。良好的欧姆接触的评价标准是：

（1）接触电阻很低，以至于不会影响器件的欧姆特性，即不会影响器件 $I – V$ 的线性关系。对于器件电阻较高的情况下（如 LED 器件等），可以允许有较大的接触电阻。但是目前随着器件小型化的发展，要求的接触电阻要更小。

（2）热稳定性要高，包括器件在加工过程和使用过程中的热稳定性。在热循环的作用下，欧姆接触应该保持一个比较稳定的状态，即接触电阻的变化要小，尽可能地保持一个稳定的数值。

（3）欧姆接触的表面质量要好，且金属电极的黏附强度要高。金属在半导体中的水平扩散和垂直扩散的深度要尽可能浅，金属表面电阻也要足够低。

欧姆接触电极的制作要点：制作欧姆接触时，可以提高掺杂浓度或降低势垒高度，或者两者并用。这就为如何制得良好的欧姆接触提供了指导，主要有以下方面：

（1）半导体衬底材料的选择。掺杂浓度越高的衬底越容易形成欧姆接触。因此，通常选择重掺杂的衬底来制作欧姆接触。可以通过多种方式来提高掺杂浓度，常用的方法是在半导体生长过程中增加杂质含量，或者通过离子注入等方式在半导体表面形成重掺杂。

（2）金属电极的选择。降低势垒高度也有利于形成良好的欧姆接触。理论上讲，对于 N 型半导体，如果金属的功函数比半导体的功函数小，即 $\Phi_m < \Phi_s$ 时，金属和半导体一经接触便能形成欧姆接触。但实际上，我们很难找到功函数比半导体小的金属，金属和半导体接触时总会产生势垒。所以选择电极金属的原则是金属和半导体的功函数的差值尽可能小，尽可能降低势垒高度。

（3）合金条件的选择。合金是使电极金属和半导体紧密接触的工艺。具体地说是指在半导体表面蒸镀好金属电极后，在一定的气氛保护和某一特定的温度下，使蒸镀好电极的半导体材料在其中保温一段时间。合金的温度和时间决定了能否在接触界面形成高掺杂层、能否形成欧姆接触。在保温过程中，金属电极和半导体材料通过发生一系列的物理、化学反应，能够明显地降低金半接触区的势垒高度，使电子比较容易的通过金半接触区，形成比较好的欧姆接触。

在电力半导体器件生产中，合金质量的好坏对器件的电特性及热特性影响很大。目前，普遍采用的烧结工艺是在真空状态及 680～700℃ 温度下用纯铝（Al）或 Al－硅（Si）片将 Si 和钼（Mo）片烧结在一起。下面对其基本工艺过程进行简单的总结。

3.4.1 铝硅、铝片处理

将铝硅放入专用清洗花篮中，用烧杯配置电子清洗液与去离子水 3%～5% 的混合液，将混合液倒入聚四氟方槽中，将装有铝硅的花篮放入混合液中超声清洗 5min，然后放入清洗槽中去离子水冲洗至无泡沫为止。在塑料烧杯内配 HF：HAC：HNO$_3$ = 1：1：3（体积比）的腐蚀液，将配制好的腐蚀液倒入聚四氟方槽内静置 5min，腐蚀液应能没过铝硅 1cm。将盛有铝硅的花篮放入聚四氟腐蚀槽中，不停地转动，以使腐蚀均匀，腐蚀速率约为 0.002mm/min，到所需厚度后迅速从腐蚀液中取出放入去离子水中冲洗 5 遍，每遍 2min，然后用丙酮脱水，阴干待用。

3.4.2 装模

根据硅片、钼片的尺寸选择尺寸合适、干净、干燥的石墨磨具。注意模具要完整，不能有裂痕。（旧石墨磨具的处理方法为：高温处理，处理时间约为 2h；新石墨磨具的处理方法为：用甲苯或丙酮在高温条件下泡一天左右。新旧磨具平时应高燥保存）。

普通烧结装模如图 3－11 所示。从下至上依次为：钼片—铝片（或铝硅片）—硅片—石墨垫片—（下一组），直到装满为止。最上面与钢压块接触的必须是石墨垫片。不同直径管芯对应专用的模具与压块。凡因故未装满的模具，必须用石墨垫片装满以使压块能起作用。装片时必须带一次性手套及口罩。装模时硅片、铝片、钼片必须用洗耳球吹净，以防止上边有滤纸毛等灰尘，影响烧结质量。

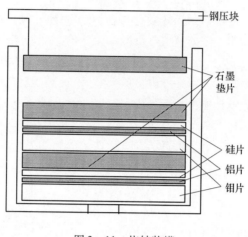

图 3 – 11   烧结装模

3.4.3   不同烧结效果产生的原因

可使用湿法刻蚀工艺对烧结管芯进行了解剖，具体为：用配方为 HNO_3：H_2SO_4：$H_2O = 7$：5：2（体积比）的腐蚀液对管芯进行解剖，腐蚀的时间为 50min（对于沾润性良好的管芯用这么长的时间是腐蚀不开的），目的是除掉钼片，可观察到如图 3 – 12 所示的情况。

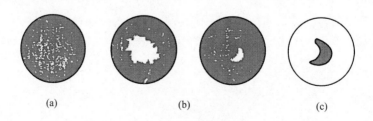

图 3 – 12   芯片解剖图
（a）正常；（b）不良；（c）特殊

再用配方为 HNO_3：$HCl = 1$：3（摩尔比）的溶液去掉沾在硅片上面的铝，可以看到有黑物质存在。这种物质可能是某种氧化物或氯化物。

欧姆接触的沾润性不好，应力大，造成硅片形变，硅缺陷多，击穿电压下降，产品合格率低。

3.4.3.1 造成沾润性不良的原因

造成沾润性不良的原因有：

（1）合金片（Si-Al）或者铝片、钼片、硅片清洗得不干净，存在杂质或氧化膜。

（2）压力不够造成铝片的收缩和龟纹，石英垫不够平坦。

（3）硅片、钼片表面不平坦。

（4）温度偏低（因为热电偶反映温度指示允许有 ±10℃ 的误差，另外室温内热电偶未放在零端）。

（5）真空度不足（ $< 10^{-4} \text{Pa}$ ）。

局部沾润性不良的主要原因有：

（1）硅片、钼片和铝片上还残留有沾污和氧化膜。

（2）腐蚀液未冲洗干净，出现局部不沾润点。

（3）有灰尘、小滤纸屑、小纤维、石英垫的小碎块等。

解决方法有：

（1）使硅片表面稍微粗糙一些对合金的沾润性是非常有利的。粗糙的硅片可以增多和铝片表面的接触点，而且硅片接触面的氧化层更容易被烧透，有利于改善沾润性。但是应当指出的是粗糙的表面更容易吸附更多的有害杂质，表面的机械损伤也十分严重。因此，烧结前可以对硅片和钼片进行打毛和喷砂，实践证明喷砂比打毛的方法效果更佳。

（2）喷砂时适当增大一点压力（压力不能太大以防止流铝），压力要均匀，要保证各零件的清洁度和平整度。

（3）烧结前必须仔细冲洗片子上的腐蚀液，彻底除去片子表面的氧化膜。

（4）适当提高烧结温度。因为烧结的温度越高，欧姆接触的沾润性越好。

（5）装船时，硅片、铝片和钼片三者应该放实，不应有溢桥。

3.4.3.2 产生应力的原因

产生应力的原因有：

（1）冲压后钼片在边缘的地方形成众多的毛刺，即使经过仔细地研磨后仍然不可避免地残留因机械冲压而引起的机械应力，这种应力会造成钼片翘曲。另外冲压制作的钼片在压延方向上会产生纹理，加热时会导致钼片弯曲，有时钼片甚至会出现分层剥离的现象。

（2）钼片与硅片之间热性能系数大小不匹配也是产生应力的原因。

3.4.3.3 产生流铝的原因

产生流铝的原因有：

（1）烧结温度过高。

（2）压力太大。

（3）船的孔径过大。

（4）铝片过厚。

3.5　台面工艺

众所周知，为降低功率器件表面电场，提高器件的耐压水平，通常对功率半导体器件采用磨角和钝化技术，形成所谓的台面器件。表面台面造型是降低表面电场强度、提高表面击穿电压和充分利用器件的体特性的重要措施。合理的表面造型能使器件获得理想的击穿电压特性，因而表面造型在器件的研制中占有很重要的地位。

3.5.1　负角结构原理

半导体器件的击穿电压主要是由它能承受的最大电场强度决定的。因为晶格

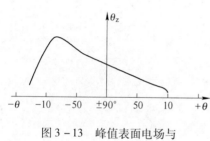

图 3 - 13　峰值表面电场与磨角角度的关系

在半导体表面处突然终止，所以在近表面的几个原子厚度的表面层中，离子所受的势场作用不同于晶体内部，使得晶体固有的三维平移对称性在表面层中受到破坏，表面态密度大大降低，空间电荷区将在表面变窄，电场强度增大。为了使表面最大电场强度低于体内最大电场强度，从而使表面击穿电压高于体内击穿电压，采用表面磨角技术是有效的。从图 3 - 13 可以看出，磨负斜角时，一定要很小才能得到较高的击穿电压。

全压接器件双负斜角结构的特点是将晶闸管承受正反向电压的两个 PN 结都加工成负斜角，如图 3 - 14（a）所示。对于整流管，由于只有一个 PN 结，因此只需在阳极面磨负角即可，如图 3 - 14（b）所示。

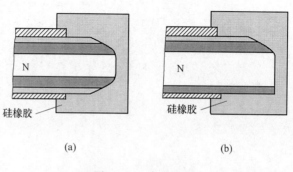

(a)　　　　　　　　　　(b)

图 3 - 14　负角结构

（a）PN 结负斜角；（b）阳极面的负角

双负斜角造型的优点是正、反向电压比较对称，两面受力均匀，无尖角，硅片不易破损，能有效提高成品率。此外，在 PN 结的阻挡层里，N 型侧失去电子，有正电荷，P 型侧失去空穴，有负电荷。两边电荷总量相等，保持平衡。但是由于磨角，原来的平衡遭到破坏。如图 3-15 所示，上半部（P 区）比下半部（N区）去掉得更多。如果阻挡层的边界不变，电荷就会失去平衡。但是正负电荷的平衡是存在的，因此上侧（P 型）表面的阻挡层将变宽，以增加负电荷量，下侧（N 型）表面的阻挡层将变窄，以增加正电荷量，保持两处正负电荷总量继续平衡。当负斜角很小时，阻挡层向上弯曲得很厉害，这时低浓度侧（N 区）表面的阻挡层很薄，它的变化不显著，高浓度侧阻挡层厚度的变宽就成为主要的了，这样形成的阻挡层比原来的阻挡层宽，起到降低表面电场强度的作用。

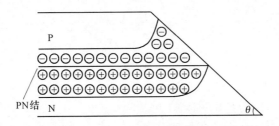

图 3-15　负角阻挡层弯曲

3.5.2　台面腐蚀

在半导体表面，晶格在表面终结所造成的不饱和键、表面晶格缺陷和表面金属离子的沾污直接影响硅表面的表面态和电场分布，造成电特性恶化。表面腐蚀通过化学反应把表面变成平整光洁表面，消除机械损伤和表面缺陷，同时排除附着在表面的污染物和金属离子，提高表面耐压性能。

在硝酸和氢氟酸的混合酸中，硅的化学反应过程为：

$$Si + 4HNO_3 \Longrightarrow SiO_2 + 4NO_2 + 2H_2O$$

$$Si + 6HF \Longrightarrow H_2[SiF_6] + 2H_2O$$

由于在混合酸中加入醋酸，通过醋酸电离时的同离子效应，降低氢离子浓度来减缓反应速度，达到腐蚀均匀的目的。

腐蚀的时间非常重要，既要把金属微粒、金属离子、表面沾污彻底去除干净，同时又不能过量腐蚀。表面腐蚀速度与腐蚀温度、管芯数量、环境温度、酸的配比等诸多因素有关，对高压整流器件腐蚀时，由于片子薄，电场扩展层接近于如图 3-14 所示的 N 层，这样，腐蚀时间既要保证腐蚀效果，又要保证阴极腐蚀量不能超过 N 层的厚度，否则，会消除 N 层的阻挡层作用，难以达到电压等级的要求。

3.5.3　台面保护

在表面造型、腐蚀、清洗后，接着要在表面施加保护层，避免杂质离子黏附在台面上和机械损伤，改善器件的电特性及长期工作稳定性。保护的方法主要有无机膜保护、有机膜保护和多层复合绝缘膜保护。

无机膜保护虽然与硅表面结合牢固，但是沉积膜很薄，不能满足高场强下表面耐压和表面绝缘的要求。一般采用多层复合绝缘保护膜的方法。先涂一层有机保护膜（聚酯亚胺），然后再加一层硅橡胶，效果很好。

4 功率半导体器件设计

电力电子技术是提高传统产业（如机械、矿冶、化工、轻纺等行业）工业自动化水平的基本技术，同时因其是实现节能、降耗、省材的基本方法，所以也是应对日益严重的能源危机的基本技术之一。从技术角度看，电力电子技术的实现和不断发展，离不开各类功率半导体器件性能的稳定提高和产品类型的不断创新。虽然功率半导体器件的总价一般只占整机总价的20% ~ 30%，但它对提高整机装置的各项技术指标和性能起着重要的作用，是构成各种电力电子设备的核心和龙头。

4.1 晶闸管结构设计

晶闸管的结构设计可采用各种专用半导体器件模拟软件或各种经验公式来完成。专用的模拟软件（如 Medici、Silvaco 等）主要利用各种数值计算方法（如有限元法、有限差分法、模特卡罗法等），求解半导体器件 4 个基本的方程（泊松方程、电流连续性方程、传输方程和位移电流方程），因避免了经验公式推导过程中的各种假设，所以具有适用范围广、计算精度高的优点，但因需对半导体器件的基本的微分方程或积分方程进行数值运算，也使其具有运算耗时长、过程的物理概念不够清晰、参数调整较困难的缺点，尤其是对高压晶闸管而言（其横向和纵向尺寸通常在毫米量级），更是如此。相反，利用经验公式进行晶闸管结构设计，优点是计算速度快、参数调整容易、物理概念清晰，缺点是精度不是很高，但对于晶闸管这种深结器件而言，只要参数选择得当，经验公式的精度完全可以满足晶闸管的结构设计需要。本章根据国内厂商在设计晶闸管过程中采用的基本关系进行晶闸管的结构优化，编程语言为 Matlab，版本为 6.5，运行于普通的 PC 机上。

4.1.1 晶闸管的基本结构

晶闸管具有如图 4 - 1 所示的四层三端结构。J_1、J_2、J_3 三个 PN 结将整个结构分为四层（P_1 区、N_1 区、P_2 区、N_2 区）和三个电极（阳极 A、阴极 K 和门极 G）。这种结构的实现过程如下：首先是在电阻率较高（通常 $30 \sim 200\Omega \cdot cm$）的 N 型硅单晶衬底上（即 N_1 区），通过一次 B - Al（或 Ga - Al）扩散同时形成 J_1 和 J_2 两个对称的 PN 结，这两个 PN 结分别是晶闸管的反向阻断结和正向阻断结，这两个结决定了晶闸管的耐压特性。然后通过选择扩散，在一次扩散的基础上形成 J_3 结，如图 4 - 2 所示。J_3 结的结构设计决定了晶闸管的基本的动态特性。

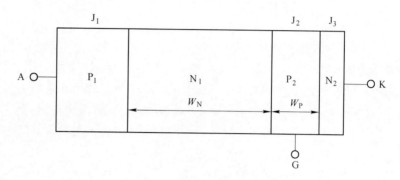

图 4 - 1   晶闸管的基本结构

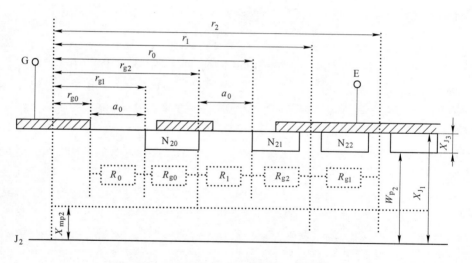

图 4 - 2   选择性扩散形成的阴极面图形和 J_3 结

目前，对晶闸管特性的要求是高的阻断电压、大的电流输运能力（通态压降低）、高 du/dt、高 di/dt、短的关断时间、较低的门极驱动、较高的运转频率等。晶闸管的这些特性是相互制约的，提高某一特性必然会以牺牲其他特性为代价，如阻断电压和通态压降、通态压降和关断时间、关断时间和 di/dt 等等。这就突出了设计过程的复杂性和针对特殊使用要求进行晶闸管结构优化的必要性。

4.1.2   晶闸管结构参数和电参数间的制约关系

与普通电子元器件相比，晶闸管器件是半控型大功率器件，所以其电参数的设计更偏重于耐压、电流、压降、du/dt、di/dt 等电参数。同时由于是大功率器件，器件的可靠工作温度要比普通元器件高很多（达 125℃），这要求结构设计时，对某些特性必须进行高温设计，如耐压、压降等特性。

图 4-3 给出了晶闸管结构参数和电参数间的相互制约关系，其也是软件设计的基本依据。从图 4-3 可见，同一电参数受多个结构参数的制约，同一结构参数影响多个电参数的取值。结合实际应用的需要，存在两类设计问题：

（1）给定结构参数的情况下，计算电参数的取值或者给出电参数的分布，这属于参数验证性质；

（2）给出一定电参数要求，何种结构设计才能实现这样的电参数，这属于结构设计性质。对这两个问题，本文的程序开发都给出了很好的解决。

4.1.3 程序设计的部分重要公式

（1）纵向参数设计（耐压设计）。

电阻率和重复电压关系：
$$U_B = C\rho_N^{3/4}$$
式中，C 为经验常数，取值为 96~100；ρ_N 为原始 N 型单晶硅电阻率。

突变结近似空间电荷区展宽：
$$X_{mn1} = A(\rho_N U_{BO})^{1/2}$$
式中，X_{mn1} 近似为在正/反向阻断电压情况下，长基区一侧空间电荷区展宽；A 为经验常数，取值为 0.56；ρ_N 为原始 N 型单晶硅电阻率；U_{BO} 为正/反向阻断电压。

J_1 结电流放大系数：
$$\alpha_1 = \left[\text{ch}\left(\frac{W_{en1}}{L_p}\right) \right]^{-1}$$
式中，α_1 为 J_1 结电流放大系数；L_p 为长基区少子空穴扩散长度；W_{en1} 为长基区有限宽度。

片厚：
$$H = X_{mn1} + W_{en1} + 2X_{J1}$$
式中，X_{J1} 为 P_1 区结深。

（2）横向参数设计（触发特性设计，图 4-2）。

P_1 区等效电阻率：
$$\bar{\rho}_{P1} = 4.532 \times \frac{U_{sp}}{I_{sp}}X_{J1}$$
式中，U_{sp} 为扩散电压；I_{sp} 为扩散电流；X_{J1} 为 P_1 区结深。
$$R_0 = \frac{\bar{\rho}_{P1}}{2\pi X_J}\ln\left(\frac{r_{g1}}{r_{g0}}\right)$$

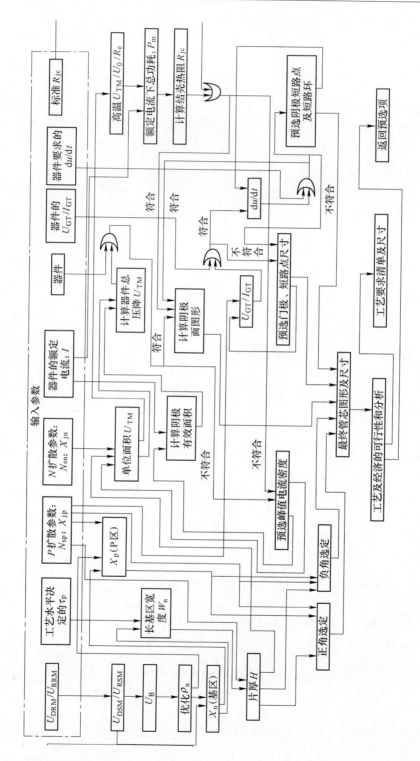

图 4 - 3　晶闸管结构参数和电参数间的相互制约关系

式中，r_{g1} 为中央门极中心与放大门极边缘距离；r_{g0} 为中央门极半宽度；ρ_{P1} 为 P_1 区平均电阻率。

$$R_{g0} = U_0/I_{GT}$$

式中，R_{g0} 为放大门极下方工作区域等效电阻；U_0 为外加门极电压；I_{GT} 为触发电流。

$$R_1 = \frac{\bar{\rho}_{P1}}{2\pi X_J}\ln\left(\frac{r_0}{r_2}\right)$$

式中，R_1 为放大门极与最靠近放大门极的发射区边缘之间的等效电阻；r_0 为中央门极中心与最靠近放大门极的发射区边缘之间的距离；r_2 为中央门极中心与发射区中心之间的距离。

$$R_{g1} = \frac{\bar{\rho}_{P2}}{2\pi W_{P2}}\ln\left(\frac{r_1}{r_0}\right)$$

式中，$\bar{\rho}_{P2}$ 为 P_2 区的平均电阻率；W_{P2} 为有效短基区长度；r_1 为中央门极中心与两环形发射区中点之间的距离。

门极电流与门极电压的关系：

$$U_{GT} = I_{GT}(R_0 + R_{g0} + R_1 + R_{g1})$$

θ_1 角边宽：

$$b_1 = H \times \cot\theta_1(\theta_1\ 正角)$$

式中，θ_1 为芯片终端 P_2 与 N_1 角度。

θ_2 角边宽：

$$b_2 = X_{J1} \times \cot\theta_2(\theta_2\ 正角)$$

式中，θ_2 为芯片终端 N_1 与 P_1 角度。

磨角边宽：

$$b' = b_1 + b_2$$

阴极有效面积：

$$S_y = \left\{\frac{\pi}{4}\left[\Phi - 2(b_1 + b_2)\right]^2 - \pi r_0^2\right\}(1 - \eta)$$

式中，η 为短路点占阴极面积比；Φ 为硅片直径。

（3）动态参数。

$$\frac{\mathrm{d}u}{\mathrm{d}t} = \frac{U_0\sigma_s}{C_{J2}R}$$

式中，$\mathrm{d}u/\mathrm{d}t$ 为临界电压上升率；C_{J2} 为 N_1/P_2 结电容；σ_s 为 P_2 区平均电导；R 取三个短路系数的最大值，即短路系数 R_0、阴极环短路系数 R_1 和放大门极短路系数 R_2 中的最大值。

各参数的求解如下：

单位面积结电容：

$$C_{J2} = K \frac{\varepsilon_r \varepsilon_0}{X_m}$$

式中，K 为常数；ε_r 为硅材料的相对介电常数；ε_0 为真空介电常数；X_m 为 J_2 结空间电荷区扩展宽度。

有效短基区平均电导：

$$\sigma_s = \frac{W_{ep2}}{\rho_{P2}}$$

式中，W_{ep2} 为 P_2 区有效基区宽度；ρ_{P2} 为 P_2 有效电阻率。

$$R_0 = \frac{1}{16}\left[d^2 + D^2\left(2\ln\frac{D}{d} - 1 \right) \right]$$

式中，d 为短路点直径；D 为阴面直径。

$$R_1 = \frac{1}{4}(r_1^2 - r_0^2)$$

$$R_2 = \frac{1}{4}(r_{g2}^2 - r_{g1}^2)$$

（4）通态参数。

峰值结压降：

$$U_{TM} = U_{JM} + U_{MM} + U_{NMP} \quad U_{JM} = \frac{2kT}{q}\ln\left(\frac{\tau_{PN}\pi J_A}{n_i q A_J W} \right) = \frac{2kT}{q}\ln\left[\frac{\tau_{PN}\pi J_A}{n_i q(W_{N1} + 2W_{P1})} \right]$$

峰值体压降：

$$U_{MM} = \frac{W^2}{2\tau_a \mu_a}$$

峰值散射压降：

$$U_{NMP} = \frac{\pi J_A W}{q\mu_{NP}n}$$

式中，k 为玻耳兹曼常数；T 为温度；q 为基本电荷；τ_{PN} 为等效载流子寿命；μ_{NP} 为等效载流子迁移率；J_A 为阳极电流；n_i 为热平衡载流子浓度；A_J 为结面积；W 为 J_1 结空间电荷区扩展宽度；τ_a 为双极载流子寿命；μ_a 为双极载流子迁移率；n 为电子浓度。

4.2　晶闸管设计软件的界面形式

此部分的源代码是基于作者在北京京仪椿树整流器有限责任公司工作期间，自行设计的晶闸管设计流程（见图 4-3），进行编程设计的结果。程序源代码见附录。

4.2.1　主界面形式

在软件开发过程中，考虑到在晶闸管生产过程中，存在两种基本的需求，即验证现有工艺参数和设计晶闸管结构，设置了参数验算和结构设计两大模块。其中参数验算模块的功能是：在给定晶闸管结构参数的条件下，计算晶闸管的相应电参数，这一功能模块可解决产品改型（实际生产中偶尔会出现非正常情况，使参数偏离设计值较大，就会出现产品改型问题）问题或因工艺不稳定需进行快速参数复核运算的情况，所以这一模块对实际生产过程具有十分重要的指导意义。结构设计模块的功能是：针对特定的电参数要求，给出相应的结构设计参数，这样就将晶闸管的实际应用和元件的制造过程紧密地联系在一起，为晶闸管的制造过程的参数控制，给出了明确的目标和方向。

4.2.2　参数验算功能模块

（1）数据输入。单击图 4 - 4 中晶闸管结构设计软件的界面中的"参数验算"模块，即可进行参数验算。图 4 - 5 为该软件参数验算界面形式。在进行验算过程中，需输入基本参数，包括：输入晶闸管结构参数（如硅片厚度、直径、电阻率等）、晶闸管工艺参数（如扩散杂质、扩散时间、少子寿命等）和光刻板参数（如门极直径、短路点直径、短路点间距等）。单击"输入电参数"输入电参数界面进行晶闸管不同电参数的验算。

图 4 - 4　晶闸管结构设计软件的界面形式

（2）可计算的电参数。单击图 4 - 5 中"输入电参数"按钮，可选择计算的参数类型，如计算耐压参数、门极参数、压降参数、热阻参数、dv/dt 参数和 di/dt 参数等，如图 4 – 6 所示。这些参数与设计指标直接相关。选择相关计算参数类型，即可进入相应参数模块，单击计算实现相关参数的计算。

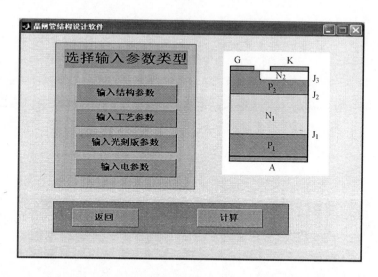

图 4 – 5　参数验算模块的输入界面

图 4 – 6　参数验算模块可计算的参数

　　（3）计算举例。下面的计算是针对 KP300A/1600V 晶闸管管芯制作过程中的一次质量事故（原设计结深为 70μm，但部分硅片一次扩散后达 90μm）进行的。

硅片的一次扩散后结深偏深 $20\mu m$，必然会影响有关的电参数，所以为了获得较优的电参数，就必须对二次扩散参数和光刻版参数进行调整，以便满足电参数设计的要求。结深偏深影响最大的是耐压下降，图 4-7 是原设计的理论耐压（优化的转折电压）情况，结深偏深后，理论耐压变化如图 4-8 所示。从图 4-8 可见，结深偏深后，在确保其他参数符合要求的情况下，耐压（优化的转折电压）下降。

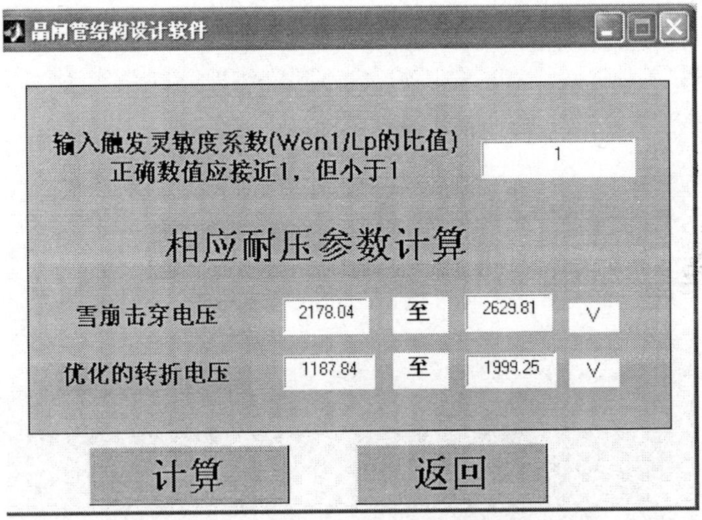

图 4-7 原设计实现的耐压（转折电压）情况

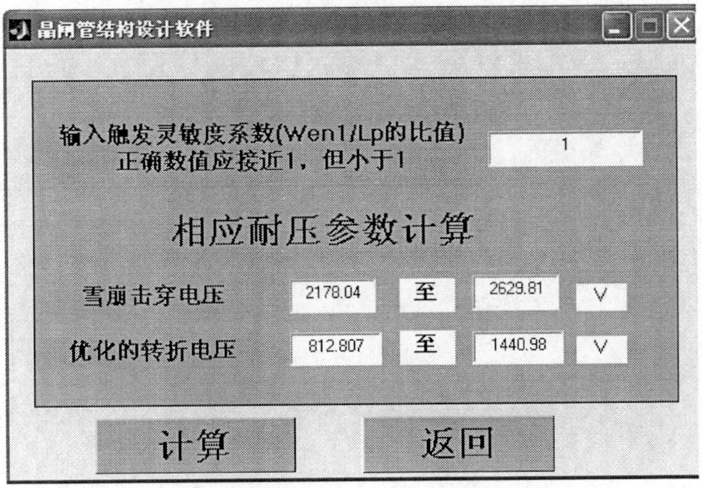

图 4-8 参数偏离导致的耐压（转折电压）情况

4.2.3 结构设计功能模块

此部分是依据用户提出的指标要求，通过参数选择实现晶闸管结构参数和工艺参数设计的目的。使用过程，用户可依据软件给出的计算参数范围，逐渐趋于用户的设计指标。

在晶闸管设计环节，用户提供的指标参数至关重要。这些参数不仅决定了芯片投产前原始硅片的参数（如芯片厚度、芯片直径、电阻率、少子寿命等），而且决定了芯片加工过程的一些工艺参数（如结深、浓度、少子寿命、光刻版图设计）。在工艺设计环节，因芯片不断经历高温过程，多数依据设计指标设计的参数（如结深、表面浓度、少子寿命等）还要不断变化，所以工艺参数设计留有余量。

（1）数据输入。在用户提供的指标中，峰值重复电压、额定电流、压降、门极电流、临界电压上升率等均是关键参数。在进行晶闸管结构优化之前，应先从图4-4晶闸管结构设计软件的界面处单击"结构设计"按钮，进入晶闸管结构设计界面。在设计界面，存在多种选择按钮，如输入晶闸管参数按钮、优化硅片电阻率和厚度按钮、优化扩散参数按钮、优化光刻版图按钮等。在进行各类优化之前，应先输入设计指标，即单击输入晶闸管参数按钮，进入参数输入界面，如图4-9所示。在这一界面，用户应根据设计指标输入相关参数，如：峰值重复电压、额定电流、压降、门极电流、临界电压上升率等。

图4-9 参数验算模块的输入界面

（2）结构设计。输入晶闸管的基本参数后，用户依据四个步骤完成晶闸管的结构设计。在优化过程中，用户应注意参数选择过程中，配合实际工艺情况，对参数留有余量，才能使设计的结果符合工艺要求。

1）步骤一：确定基本参数。首先根据晶闸管的额定电压 V_{DRM}，确定电阻率、长基区宽度和少子寿命的优化曲线，如图 4 - 10 所示。然后根据工艺的实际情况（即少子寿命）和优化曲线，选择单晶电阻率和长基区宽度。在选择了上述参数后，由耐压条件可以计算出 P1 区的平均电阻率，如图 4 - 11 所示。

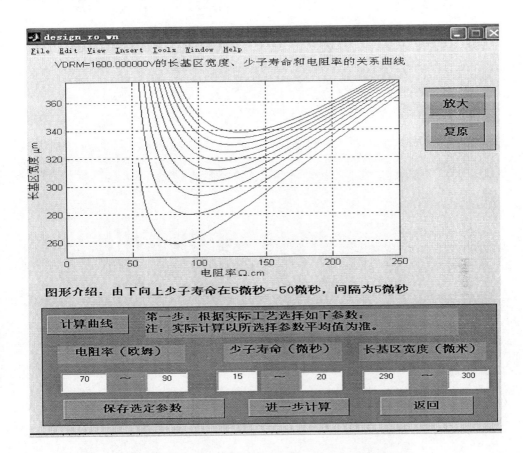

图 4 - 10　电阻率、长基区宽度和少子寿命的优化曲线

2）步骤二：扩散参数初定。根据要求的 P1 区平均电阻率和一次扩散的类型（Ga/Al、B/Al 或 Ga），再考虑到压降的要求，可以获得一次扩散表面浓度数值和结深范围，如图 4 - 12 所示。

3）步骤三：扩散参数的确定。根据步骤二的计算结果，计算一、二次扩散

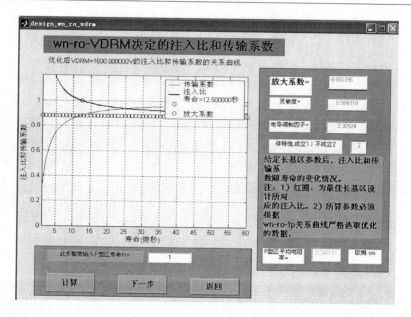

图 4 - 11　根据耐压条件，确定 P1 区的平均电阻率

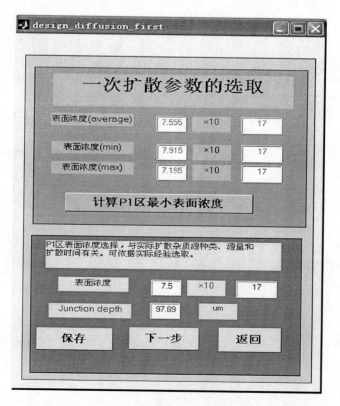

图 4 - 12　一次扩散表面浓度数值和结深范围

的对应参数,如图4-13所示。根据图4-13的计算结果,并结合步骤二的计算结果,可以方便地确定出一、二次扩散参数。

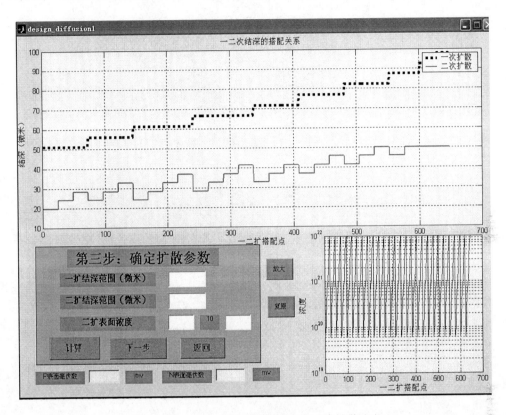

图4-13 一、二次扩散的搭配点和二次扩散浓度

4) 步骤四:光刻版图的计算。根据第三步计算得到的扩散参数,再考虑门极电压、门极电流、$\mathrm{d}v/\mathrm{d}t$ 和 $\mathrm{d}i/\mathrm{d}t$ 等参数,优化获得光刻版图型。由于满足门极电压、门极电流、$\mathrm{d}v/\mathrm{d}t$ 和 $\mathrm{d}i/\mathrm{d}t$ 等参数因此可能有一组解、多组解或无解。图4-14给出了kp300A/1600V的多组光刻版图中的某一优化的光刻版结果。

该软件针对晶闸管管芯设计制作过程中经常遇到的两个基本设计问题,进行了程序开发,使程序具有参数验算和结构设计两个功能。其中参数验算功能主要解决了晶闸管制作过程中,偶尔出现的参数偏离和工艺稳定性差等问题,其可由结构参数计算电参数,快速计算参数调整的结果,给出参数调整的方向。结构设计功能是根据用户的使用要求,给出相应的结构参数。这一功能的特点是将用户的使用要求译成工艺控制的目标。虽然这一软件的计算公式源于晶闸管制作过程中的经验公式,但经多年的实践修正和改进,确保了这些公式应用过程的准确性和有效性。此外,晶闸管结构设计软件实现了 Windows 操作界面,具有操作简

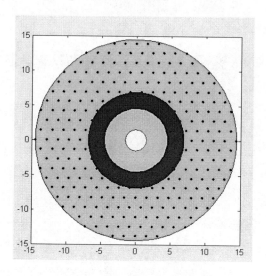

图 4 - 14　优化得到的光刻版图

单、易于掌握、计算精度较高等优点。因为晶闸管参数间的相互制约和实际工艺情况的复杂，计算结果肯定与晶闸管的实际制作过程存在一定程度的误差，所以要求对经验公式中的部分参数进行多批次验证和调整，才能取得与实际制作过程相一致的计算结果，才能发挥指导实际生产的作用。

5 功率半导体器件热设计

随着电子设备复杂性的增加，如果各种发热元件散发出来的热量不能够及时散发出去，就会造成热量的积聚，从而导致各个元器件的温度超过各自所能承受的极限，使得电子设备的可靠性大大降低。当前，电子设备的主要失效形式之一就是热失效。据统计，电子设备的失效有55%是由温度超过规定值引起的。随着温度的增加，电子设备的失效率呈指数增长趋势。所以，功率器件热设计是电子设备结构设计中不可忽略的一个环节，它的好坏直接决定了产品设计的成功与否。良好的热设计是保证设备运行稳定性与可靠性的基础。

功率器件应用时所受到的热应力可能来自器件内部，也可能来自器件外部。器件工作时所耗散的功率要通过发热形式耗散出去。若器件的散热能力有限，则功率的耗散就会造成器件内部芯片有源区温度上升及结温升高，使得器件可靠性降低，无法安全正常工作。表征功率器件热能力的参数主要有结温和热阻。

一般将功率器件有源区称为结，器件的有源区温度称为结温。这些器件的有源区可以是结型器件（如晶体管）的 PN 结区、场效应器件的沟道区，也可以是集成电路的扩散电阻或薄膜电阻等。当结温 t_j 高于周围环境温度 t_a 时，热量通过温差形成扩散热流，由芯片通过管壳向外散发，散发出的热量随着温差（$t_j - t_a$）的增大而增大。为了保证器件能够长期正常工作，必须规定一个最高允许结温 t_{jmax}。t_{jmax} 的大小是根据器件的芯片材料、封装材料和可靠性要求确定的。结温升高，系统的可靠性降低。为了提高可靠性，应进行功率器件的热设计。

功率器件的散热能力通常用热阻表征，记为 R_t。热阻越大，则散热能力越差。热阻又分为内热阻和外热阻。内热阻是器件自身固有的热阻，与管芯、外壳材料的导热率、厚度和截面积以及加工工艺等有关。外热阻与管壳封装的形式有关。一般来说，管壳面积越大，则外热阻越小，金属管壳的外热阻就明显低于塑封管壳的外热阻。

当功率器件的功率耗散达到一定程度时，器件的结温升高，系统的可靠性降低。为了提高可靠性，应进行功率器件的热设计。

5.1 功率半导体器件散热方法

热设计主要包括冷却介质的选择、冷却介质的流量和流向控制、散热装置的材质选择以及结构设计等等。要让大功率、高热流密度的功率半导体器件的结温保持在正常可承受的范围内，从而可靠、稳定的工作，根据前辈们的经验总结我们知道有自然冷却、强迫空气冷却、液体冷却及其他冷却方式。

5.1.1　自然冷却方法

自然冷却方法主要是针对小功率、小热流密度的电气元件设备，依靠自然的热辐射或者周围环境中空气的自然对流带走设备所产生的热量。因为主要依靠自然冷却，所以应该尽量减少各个环节的热阻，增大散热面积，增加散热通道，以便改善散热的效果。此方法常用于热流密度小于 $0.08\,W/cm^2$ 的小型设备。空气的自然冷却换热系数为 $3\sim10\,W/(K\cdot m)$。

这种方法的优点在于设计简单，无其他复杂配件，亦无风扇等旋转机械，无噪声，后期维护方便容易。

5.1.2　强迫空气冷却方法

当设备的热流密度介于 $0.08\sim1.0\,W/cm^2$ 之间时，一般均选用强迫空气冷却方法。此方法因为其设计简单、冷却效果明显，故在电子设备中被大量应用。其散热系数是自然冷却的 $2\sim4$ 倍。但是强迫空气冷却方法具有空气比热容比较小、配备风机会造成较大的噪声、容易吸入灰尘、风机启动与停机会对电子芯片产生电磁干扰等一系列的缺点。

强迫空气冷却方法有微喷流和空气射流冷却两种先进的空冷散热方式。它们可以大大提高空气冷却的效果，微喷流冷却的热流密度可以达到 $10\,W/cm^2$ 左右，而利用空气射流技术可以使散热效果再提高 10 倍左右。

5.1.3　液体冷却方法

随着电气技术以及信息技术的蓬勃发展，大容量、高热流密度的设备越来越多。传统的自然冷却以及强迫空冷已经完全无法满足现代设备的散热要求。所以液体冷却就更多地被人们所考虑，尤其在航空航天、军事卫星等行业。一般液体冷却技术要考虑冷却液的选择以及液冷方式。一般地，液冷方式主要有喷射技术、密闭循环系统、高压射流技术等。

（1）直接液体冷却。直接液体冷却是将需要散热的设备或者芯片直接放入冷却液中或者用冷却液向设备表面喷洒、冲击，即设备直接接触冷却液。这里的液体冷却既有单相的（如某些碳氟化合物冷却液），也有双相的（一般是气液双相）。双相的冷却效果一般会更好，因为物体相变时会吸收或释放大量的热量（此处利用的是相变的吸热功能）。但是此种方法需要采用特殊的密闭装置，一般成本较高，而且冷却液流量也难以控制。这就使得它的推广使用受到限制。

（2）间接液体冷却。使用直接液体冷却方式存在诸多的不便之处，所以间接液体冷却渐渐流行起来。在间接液体冷却过程中，热量经过芯片热传导到利用液体冷却的散热器。液冷散热器有支撑芯片以及热量散失的双重作用。

（3）液体的射流冷却。这种冷却方式与空气射流原理相似。国内这方面研究已经比较成熟，主要涉及喷头形状、材质以及冷却液的选择等一些较为简单的因素。

（4）其他冷却方式。在当今这个技术腾飞的年代，各种新的冷却方式不断涌现，比如微管道散热、新型热管散热、纳米粒子流体散热等等。为了适应下一代的电气设备高效散热需要我们加大在冷却技术方面人力以及科研资金的投入。

液冷式散热器的材料一般使用铜、铝、银等金属。选择材料的时候，金属材质的导热系数 K 越高也就越有利于热传导即有利于热量的散失，在工业中常用的金属材料有：纯银（$K = 420\text{W}/(\text{K} \cdot \text{m}^2)$）、铝合金（$K = 388\text{W}/(\text{K} \cdot \text{m}^2)$）、纯铜（$K = 385\text{W}/(\text{K} \cdot \text{m}^2)$）、纯铝（$K = 222\text{W}/(\text{K} \cdot \text{m}^2)$）。虽然铜和银具有良好的导热效果，但是成本太高。铝或者其合金也是热的良导体，并且质量轻、可以承受较高的压力、易加工，所以在工业场合中经常见到它们的身影。

5.2 大功率半导体器件用散热器风冷热阻计算

大功率半导体器件的生产者都希望能有一个简便的散热器热阻计算方法。即根据已有的或可测量的散热器外形尺寸及风速通过公式求得散热器热阻值。有了公式加上现代计算机技术，与热阻有关的各种曲线和热阻计算值很容易得到，用起来十分方便。当然可以根据 GB/T 8446.2—2004 的规定用仪器测得散热器热阻值。但由于这种仪器设备并非各单位都有，于是用公式计算的要求就应运而生了。

散热器的用途是要把安装在散热器上的大功率半导体器件工作时产生的热耗散掉，使它工作时温度保持在允许温度以下。所以它的物理原理就是利用介质进行热的传导和热的交换。在风冷和自冷情况下导热介质就是散热器和空气，最终是空气把热带走。

鉴于散热原理就是古老的传热学，因此本节中直接引用了 E. R. G. 埃克尔特和 R. M. 德雷克著的《传热与传质》中的基本原理和公式。其目的就是利用这些基本原理和公式，把散热器外形尺寸和风速作为参数和变量，推导出一套新的在风冷条件下的热阻公式。在此基础上，本节介绍由作者编写的利用计算机对该公式进行求解和绘制曲线的相关软件。

5.2.1 传热的基本原理和公式

以下的介绍是基于这样的假设：散热器是由很多块金属平板组成，如图 5 - 1

所示。平板一端连在一起成为一块有一定厚
度的基板，平板之间存在间隙，平板本身具
有一定的长度（L）、宽度（l）和厚度
（b）。可以这么说：散热器的基本单元是一
块平板。

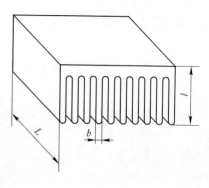

大功率半导体器件安装在基板上，工作
时产生的热通过接触面传到散热器的过程属
于固体导热。散热器平板周围是空气。平板
上的热要传到空气中属于固体与流体间的传
热。所以散热器总热阻等于两部分热阻

图 5 - 1　散热器外形

之和：

$$R_{zo} = R_{th} + R_{thk} \tag{5-1}$$

式中，R_{zo} 为总热阻；R_{th} 为散热器内固体传热热阻；R_{thk} 为散热器与空气间的传热
热阻。

5.2.1.1　固体导热

固体内稳定导热的基本特点是：

（1）固体内存在着温度梯度。导热过程中温度相同的点组成等温面。等温
面的温度不随时间而变。

（2）固体是各向同性的，热流是沿着与等温面相垂直的路径朝着温度降低
的方向流动的。

散热器金属平板内没有热源，且热流是一维和稳定的，根据傅里叶导热方
程，通过面积为 A、长度为 l 固体两端的热量 Q 为：

$$Q = -K_s A \frac{dt}{dx}$$

式中，K_s 为导热系数；A 为热流通过的面积；dt/dx 为温度梯度。

$$Q = -K_s A \frac{t_2 - t_1}{x_2 - x_1} = K_s A \frac{t_2 - t_1}{x_1 - x_2} = K_s A \frac{t_2 - t_1}{l}$$

定义 $\dfrac{l}{K_s A}$ 为热阻 R_{th}，则：

$$R_{th} = \frac{l}{K_s A} = \frac{t_2 - t_1}{Q}$$

式中，R_{th} 的单位为℃/（K·h）。

在有 n 个平板（齿片）的散热器上，如平板的横截面积 $A = L \times b$，把热阻单
位换算为 "℃/W" 后，散热器齿片内固体传导热阻为：

$$R_{th} = \frac{l}{1.16K_s Lbn}$$

5.2.1.2 固体与流体间的传热

当热量传到固体表面后，热量的散发几乎全部要靠流体带走。固体与流体间的传热热阻主要存在于紧靠固体表面的一薄层空气内，当热量穿透这一层之后，就很容易被外层空气带走。这一层称为边界层。边界层传热系数取决于这一边界层的厚度和特性，又与边界层中反映空气流动情况的参数有关。

以空气为例，如图5-2所示，空气的流动有两种动力：一是用机械动力使其流动，如风机；另一是靠空气存在温差而形成的自然对流。前者会因空气受外力扰动造成湍流，称为"湍流受迫对流"；后者很大程度还处于层流状态，称为"层流受迫对流"。两种情况均存在平板表面与空气的热交换中，但热阻差别很大。前者由于外界原因空气分子不规则地互相穿插，温度不同的空气分子频繁接触发生热交换传递，接受热量的外层空气又被快速流动的新空气所替代，如此循环产生了极高的散热效率，这种散热方法常称为"风冷"或"强迫风冷"。而后者靠空气自然对流进行热交换，空气的流动处于层流状态（见图5-3），边界层内不同流速的空气分子不产生交叉运动，热量传递缓慢，散热效率低。这种散热方法常称为"自冷"。无论是自冷还是风冷，我们要研究的都是边界层的热阻值R_{thk}。本节仅就"风冷"边界层的热阻进行讨论。

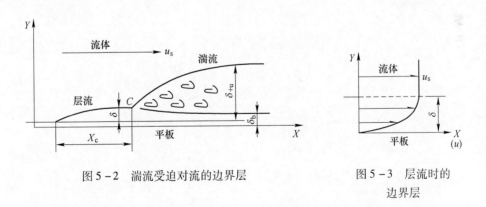

图5-2 湍流受迫对流的边界层　　　　图5-3 层流时的边界层

讨论这一部分时，做了如下假设：

（1）风冷冷却时，热阻值会随空气的温度、湿度、气压而变。综合大功率半导体器件工作时气候条件，环境参数设定为：1个大气压、40℃、相对湿度为不超过90%的某一不变的固定值。

（2）空气的流速远小于声速，如小于7m/s。

（3）空气的流动已处于稳定状态。

（4）如散热器由若干片金属平板组成，其传热热阻只与散热片总表面积 A、空气流动方向的平板长度 L、风速 u_s（空气流动速度）及空气的传热系数 K_a 有关。《传热与传质》一书对平板的湍流受迫对流（风冷）传热提出一系列公式（详见原著）：

（1）传热系数 K。

$$K = \frac{Nu_x K_a}{x}$$

式中，K_a 为空气的传热系数，查表知在 1 个大气压、40℃时，$K_a = 0.0234\text{kcal}/(\text{h} \cdot \text{m} \cdot \text{℃})$；$Nu_x$ 为努塞尔数。

h 是空气流动方向的平板长度 x 的函数。可见在 x 方向传热系数是变化的，各部位都不一样。《传热与传质》认为在工业热交换器计算中，重要的不是传热系数的局部值而是传热系数的平均值。热阻等于平均传热系数 $\overline{K}$ 与平板传热面积 A 乘积的倒数，即 $R_{thk} = \frac{1}{KA}$，此时的单位是 $\text{h} \cdot \text{℃/kcal}$。把热阻单位改成℃/W，则 $R_{thk} = \frac{1}{1.16\overline{K}A}$。当 x 为平板板长 L，则

$$K = \frac{Nu_L \cdot K_a}{L}$$

（2）斯坦登数 St。

$$St = \frac{Nu_x}{Re_x Pr} = \frac{0.0296 Re_x^{-1/5}}{1 + 0.87 \times 1.5 Pr^{-1/6} \times Re_x^{-1/10}(Pr - 1)}$$

此式也可写成：

$$St = \frac{Nu_x}{Re_x Pr} = \frac{0.0296 Re_x^{-1/5}}{1 + 0.87 \times A \times Re_x^{-1/10}(Pr - 1)}$$

式中，$A = 1.5 Pr^{-1/6}$，查《传热与传质》中图 8 - 4 可得，$A = 1.75$；Pr 为普朗特数，查表知在空气、1 个大气压、40℃时，$Pr = 0.7$；Re_x 为雷诺数，$Re_x = \frac{u_s x}{\nu}$，当 x 为平板板长 L，$Re_L = \frac{u_s L}{\nu}$；ν 为空气运动黏度，查表知在 1 个大气压、40℃时，$\nu = 1.7 \times 10^{-5} \text{m}^2/\text{s}$；$u_s$ 为空气流速，m/s。

因此有：

$$St = \frac{Nu_x}{Re_x Pr} = \frac{0.0296 (Re_x)^{-1/5}}{1 + 0.87 \times 1.75 \times (Re_x)^{-1/10} \times (0.7 - 1)} = \frac{0.0296 (Re_x)^{-1/5}}{1 - 0.457 (Re_x)^{-1/10}}$$

当 x 为平板板长 L，则传热系数：

$$K = \frac{Nu_L \cdot K_a}{L} = \frac{StRe_L PrK_a}{L} = \frac{0.7 \times 0.0234 \times 0.0296 Re_L^{-1/5} Re_L}{(1 - 0.457 Re_L^{-1/10}) L}$$

$$= \frac{0.000485 Re_L^{4/5}}{(1 - 0.457 Re_L^{-1/10}) L}$$

（3）平均传热系数 $\overline{K}$。

$$\overline{K} = ah$$

式中，a 为与 Re_L 有关的系数，$Re_L > 35000$ 时，$a = 1.4$。

（4）散热器与空气间的传热热阻 R_{thk}（℃/W）。

$$R_{thk} = \frac{1}{1.16 \overline{K} A}$$

代入上述各数，有：

$$R_{thk} = \frac{1}{1.16 \overline{K} A} = \frac{1}{1.16 KaA} = \frac{(1 - 0.457 Re_L^{-1/10}) L}{1.16aA(0.000485 Re_L^{4/5})}$$

$$= \frac{L}{0.00056aARe_L^{4/5}} - \frac{0.457L}{0.00056aARe_L^{9/10}}$$

$$= \frac{L}{0.00056aA} \left[\frac{1}{\left(\dfrac{u_s L}{1.7 \times 10^{-5}}\right)^{4/5}} - \frac{0.457}{\left(\dfrac{u_s L}{1.7 \times 10^{-5}}\right)^{9/10}} \right]$$

$$= \frac{[1 - 0.152(u_s L)^{-1/10}] L^{1/5}}{3.656 u_s^{4/5} Aa}$$

在大功率半导体器件用散热器中雷诺数一般大于 35000，此时 $a = 1.4$，因此有：

$$R_{thk} = \frac{[1 - 0.152(u_s L)^{-1/10}] L^{1/5}}{1.4(3.656 u_s^{4/5} A)} = \frac{[1 - 0.152(u_s L)^{-1/10}] L^{1/5}}{5.12 u_s^{4/5} A}$$

由式（5-1）有：

$$R_{zo} = \frac{1}{1.16 K_s Lbn} + \frac{[1 - 0.152(u_s L)^{-1/10}] L^{1/5}}{5.12 u_s^{4/5} A}$$

式中，R_{zo} 单位为℃/W；K_s 为散热器金属材料的导热系数，20℃时，纯铝的 $K_s = 175.6$kcal/（h·m·℃），纯铜的 $K_s = 332$kcal/（h·m·℃）；L 的单位为 m；u_s 为风速，m/s。

图 5-4 为散热器的端面图，如散热器的周边长为 S、散热器的长为 L，忽略

两端面的面积，散热器的总表面积为 $A = SL$。因此，强迫风冷条件下散热器总热阻公式可写成：

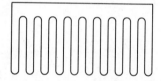

$$R_{zo} = \frac{l}{1.16K_s Lbn} + \frac{1 - 0.152(u_s L)^{-1/10}}{5.12(u_s L)^{4/5}S}$$

图 5 - 4　散热器端面图

因为对某一型号的散热器来说参数 K_s、b、n、S 都是常数。用此公式即可求出不同长度 L、不同风速 u_s 条件下的总热阻，并可作出相应曲线。在现在条件下，编制一套计算机软件即可完成。

【实例5 - 1】DXC-661 散热器热阻计算。已知条件：$L = 0.3$m、$l = 0.030$m、$b = 0.003$m、$n = 30$、$S = 2.25$m、铝散热器 $K_s = 175.6$kcal/（h·m·℃）、风速 $u_s =$ 6m/s。

$$R_{zo} = R_{th} + R_{thk}$$
$$= \frac{l}{1.16K_s Lbn} + \frac{1 - 0.152(u_s L)^{-1/10}}{5.12(u_s L)^{4/5}S}$$
$$= \frac{0.03}{1.16 \times 175.6 \times 0.3 \times 0.003 \times 30} + \frac{1 - 0.152(6 \times 0.3)^{-1/10}}{5.12 \times (6 \times 0.3)^{4/5} \times 2.25}$$
$$= 0.052℃/W$$

以上计算结果与样本曲线查得结果基本一致。

【实例5 - 2】阿尔斯通散热器热阻计算。已知条件：$L = 0.24$m、$l = 0.062$m、$b = 0.003$m、$n = 48$、$S = 9.17$m、铝散热器 $K_s = 175.6$kcal/（h·m·℃）、风速 $u_s =$ 7m/s。

$$R_{zo} = R_{th} + R_{thk}$$
$$= \frac{l}{1.16K_s Lbn} + \frac{1 - 0.152(u_s L)^{-1/10}}{5.12(u_s L)S}$$
$$= \frac{0.062}{1.16 \times 175.6 \times 0.24 \times 0.003 \times 48} + \frac{1 - 0.152 \times (7 \times 0.24)^{-1/10}}{5.12 \times (7 \times 0.24)^{4/5} \times 9.17}$$
$$= 0.0208℃/W$$

上述结果与实验结果吻合。

5.2.2　求解散热器热阻和绘制热阻曲线的软件

风冷散热器热阻计算软件 1.0 版是作者在北京京仪椿树整流器有限责任公司工作期间编制的软件程序。该软件以现有功率半导体器件常用散热器为基础，通过输入散热器的基本几何参数，即可以给出具体散热器热阻、风速和几何尺寸之间的关系曲线，可为功率器件散热过程提供十分有价值的数据参考。该软件具有两个功能模块，即热阻曲线计算和具体热阻值计算。该软件可实现常规散热器热阻的计算，并具有操作简单和数值准确的基本特点。

5.2.2.1 界面形式

风冷散热器热阻计算软件主界面形式如图 5-5 所示。根据实际需要，这一软件主要设计了两个功能模块，其中一个功能模块给出热阻曲线，另一个功能模块用于计算具体的热阻值。从主界面右侧的两个按钮，可以进入两个功能模块。

图 5-5　风冷散热器计算软件的主界面形式

风冷散热器热阻曲线绘图模块的界面形式如图 5-6 和图 5-7 所示，图中 K_s 是导热系数，b 为齿宽，l 为齿高，n 为散热器齿数，S 为散热器周长，L 为散热器长，U_s 为风速。风冷散热器热阻曲线给出了几何长度、风速和热阻间的定量关系，可以解决以下两个问题：对于给定结构的散热器，为实现特定的热阻，需提供多大的风速？对于特定的风速和散热器结构，如何通过散热器长度来控制散热器热阻？风冷散热器热阻值计算模块的界面形式如图 5-8 所示。这一模块的基本功能带有演算的性质，可以实现在散热器几何尺寸、风速等参数确定的条件下，计算该散热器热阻值。

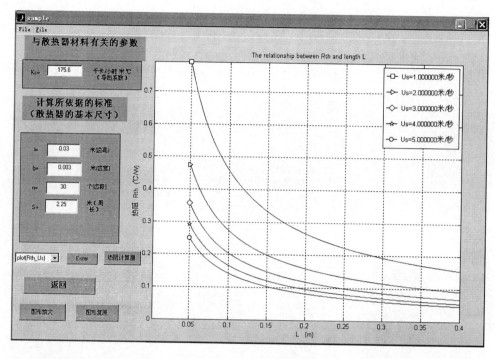

图 5 - 6　风冷散热器热阻曲线绘图模块的界面形式（一）

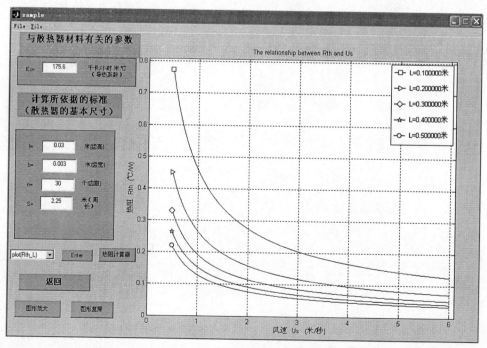

图 5 - 7　风冷散热器热阻曲线绘图模块的界面形式（二）

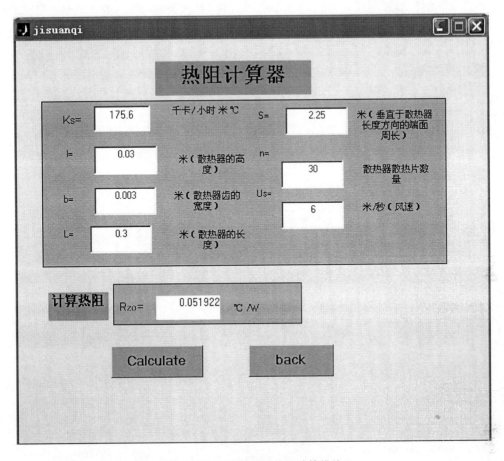

图 5 – 8　风冷散热器热阻计算模块

5.2.2.2　举例说明

下面用实例说明图 5 – 6 和图 5 – 7 热阻曲线的制图过程, 在实例 5 – 1 中已计算出 DXC-661 散热器在风冷条件下总热阻 $R_{zo}=0.052℃/W$。

该散热器各参数值为: $K_s=175.6kcal/(h·m·℃)$, $b=0.003m$, $l=0.03m$, $n=30$, $S=2.25m$。把它们填入界面左边相应空格内, 然后选择曲线类型。不同风速时, 散热器长度和热阻的关系曲线如图 5 – 6 所示; 不同散热器长度时, 风速和热阻关系曲线, 如图 5 – 7 所示。可在界面左下方点击选择框进行此选择操作。最后点 "Enter" 按钮即出现所需曲线。界面左下方还有图形放大键可放大曲线的任意部位。在本界面左下方还有 "热阻计算器" 按钮, 按此按钮也可进入 "热阻计算器" 界面, 如图 5 – 8 所示。在图 5 – 8 界面中按栏目要求填入上述各参数值: $K_s=175.6kcal/(h·m·℃)$, $b=0.003m$, $l=0.03m$, $n=30$, $S=2.25m$, 同时取散热器长 $L=0.3m$, 风速 $u_s=6m/s$, 按 "Calculate" 按钮, 得在此条件下散热器热阻值为 $R_{zo}=0.051922℃/W$，此值与实例 5 – 1 计算结果 $R_{zo}=0.052℃/W$ 相等。

为了进一步验证计算公式和计算机应用软件的可行性，除上面已经举例的 DXC-661 铝型材散热器外，再摘取目前较为通用的 DXC-546 和 DXC-548 两种铝型材散热器原始热阻曲线和本章所提公式及计算机绘制的热阻曲线进行对比。

（1）型号为 DXC-546 铝型材散热器基本参数：$K_s=175.6kcal/(h·m·℃)$，$b=0.005m$，$l=0.052m$，$n=21$，$S=2.73m$，样本提供的热阻曲线如图 5 – 9 所示。

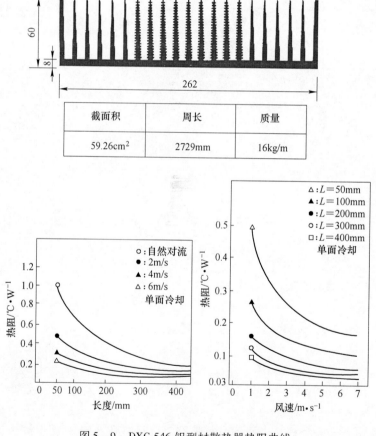

截面积	周长	质量
59.26cm²	2729mm	16kg/m

图 5 – 9　DXC-546 铝型材散热器热阻曲线

计算机绘制的热阻曲线如图 5 – 10 所示。

假设散热器长为 0.2m、风速为 4m/s，由计算机软件计算热阻，其风冷热阻为 $0.0867094℃/W$，与从图 5 – 10 中查得结果基本吻合。

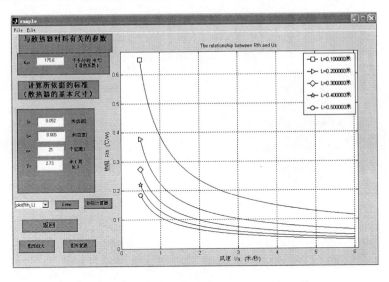

图 5 - 10   计算机绘制的热阻曲线

（2）型号为 DXC-548 铝型材散热器基本参数：$K_s = 175.6\text{kcal}/(\text{h} \cdot \text{m} \cdot \text{℃})$，$b = 0.005\text{m}$，$l = 0.066\text{m}$，$n = 18$，$S = 2.87\text{m}$，样本提供的热阻曲线如图 5 - 11 所示。

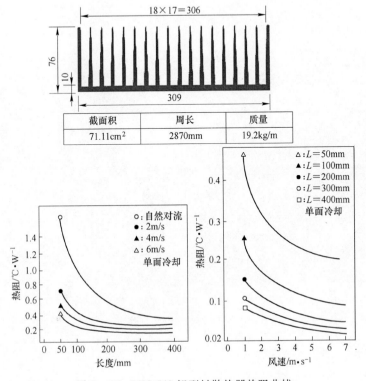

截面积	周长	质量
71.11cm²	2870mm	19.2kg/m

图 5 - 11   DXC-548 铝型材散热器热阻曲线

计算机软件绘制的曲线如图 5 – 12 所示。

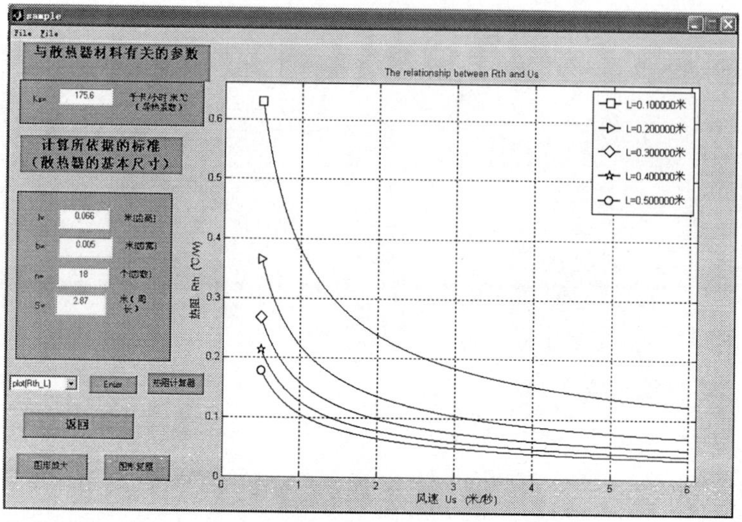

图 5 – 12　计算机软件绘制的热阻曲线

假设散热器长为 0.2m、风速为 4m/s，由计算机软件计算热阻，其风冷热阻为 0.0843885℃/W，与从图 5 – 12 中查得结果基本吻合。

5.2.3　讨论

（1）本章所用公式的精确性受多种因素的影响而存在一定误差，主要有：

1）受到环境空气的温度、湿度、气压等自然因素的影响。在公式推导中曾有一个与上述因素有关的参数 "a"，把它定为 1.4 是选择了电力电子器件工作时最可能出现的环境条件。又如散热器金属的热导系数 "K_s" 与金属成分及散热器工作时温度有关，本章选用的是 20℃时的纯铝。

2）本章中所用的 "风速" 是指 "平均风速"。

3）公式中描述散热器几何尺寸的 b、n、S、L、l 五个参数不可能表达散热器外形的全部。这只是它的基本尺寸。

4）本章所引用的公式，都做了不同程度的假定。

综合上述原因和实际使用测试结果其误差值约在 10% 以下，风速较低时误差较大。

（2）本章提出的散热器热阻公式只适用于强迫风冷。

5.3　散热器的选择

小型散热器（或称散热片）由铝合金板料经冲压工艺及表面处理制成，而大型散热器由铝合金挤压形成型材，再经机械加工及表面处理制成。它们有多种形状及尺寸供不同器件安装及不同功耗的器件选用。散热器一般是标准件，也可提供型材，由用户根据要求切割成一定长度而制成非标准的散热器。散热器的表面处理有电泳涂漆或黑色氧极化处理，其目的是提高散热效率及绝缘性能。在自然冷却下散热器的散热效率可提高10%～15%，在通风冷却下散热器的散热效率可提高3%，电泳涂漆可耐压500～800V。散热器厂家对不同型号的散热器给出不同散热条件下的热阻值或有关曲线。功率器件使用散热器是要控制功率器件的温度，尤其是结温，使其低于功率器件正常工作的安全结温，从而提高功率器件的可靠性。功率器件散热器随着功率器件的发展，得到了飞速发展，常规散热器趋向标准化、系列化、通用化，而新产品则向低热阻、多功能、体积小、重量轻、适用于自动化生产与安装等方向发展。合理地选用、设计散热器，能有效降低功率器件的结温，提高功率器件的可靠性。

各种功率器件的内热阻不同，安装散热器时由于接触面和安装力矩的不同，功率器件与散热器之间的接触热阻也不同。选择散热器的主要依据是散热器热阻。在不同的环境条件下，功率器件的散热情况也不同。因此选择合适散热器还要考虑环境因素、散热器与功率器件的匹配情况以及整个电子设备的大小、重量等因素。

首先根据功率器件正常工作时的性能参数和环境参数，如环境温度、器件功耗和结温等，计算功率器件结温是否工作在安全结温之内，判断是否需要安装散热器进行散热。如功率器件需安装散热器进行散热，首先计算相应的散热器热阻，初选一散热器；然后重新计算功率器件结温，判断功率器件结温是否在安全结温之内，所选散热器是否满足要求。对于符合要求的散热器，应根据实际工程需要进行优化设计。

附录　晶闸管设计程序

```
% 晶闸管设计程序
% 设计者　陆晓东
% 日期　　2008.8.331
clear
warning off
% 参数输入
% VDRM = input('输入设计耐压 VDRM:');
% tp = input('根据工艺条件输入相应少子寿命:');
% Xjp = input('输入一扩最终结深');
% Nsp = input('输入一扩最终表面浓度');
% Nsn = input('输入二扩最终表面浓度');
% Xjn = input('输入二扩最终结深');
% IT = input('输入器件额定电流');
% jT = input('输入器件额定电流密度');
% Igt = input('输入门极触发电流');
VDRM = 4200;
% 扩散参数
Xjp = 120;
Nsp = 1.7 * 10^18;
NsAl = 5 * 10^15;
Xjn = 25;
Nsn = 1.3 * 10^21;
IT = 3000;
jT = 60;
Igt_min = 30;
Igt_max = 150;
Vgt_min = 0.5;
Vgt_max = 5;
% 电阻率计算和长基区优化
VDSM = VDRM/0.9;
[Vb,romin] = romin(VDRM,VDSM);
disp('此种耐压的最小电阻率为:'),romin
```

```
count = 1;
for xx = 1:500;
tpp = xx/10;
[Wnhaoo,rohaoo] = xuchuanxiang(romin,VDSM,tpp);
Lp = (12. 4 * tpp * 10^ - 6)^0. 5 * 10^4;
Xmn1 = 0. 531 * (rohaoo * VDSM)^0. 5;
Wen = Wnhaoo - Xmn1;
deta = Wen/Lp;
lambda = Wnhaoo/Lp;
if VDSM > = 1000&VDSM < 2500&lambda > 2&lambda < 3. 5;
      tp(count) = tpp;
      Wnhao(count) = Wnhaoo;;
      rohao(count) = rohaoo;
    count = count + 1;
end
if VDSM > = 2500&VDSM < = 8000&lambda > 2. 5&lambda < 4. 2;
      tp(count) = tpp;
      Wnhao(count) = Wnhaoo;;
      rohao(count) = rohaoo;
    count = count + 1;
end
if VDSM < 1000&lambda > 1. 8&lambda < 3;
      tp(count) = tpp;
      Wnhao(count) = Wnhaoo;;
      rohao(count) = rohaoo;
    count = count + 1;
end
if VDSM > 8000&lambda > 4&lambda < 5;
      tp(count) = tpp;
      Wnhao(count) = Wnhaoo;;
      rohao(count) = rohaoo;
    count = count + 1;
  end
end
Xmn1 = 0. 531 * (rohao * VDSM). ^0. 5;
Wen = Wnhao - Xmn1;
Lp = (12. 4 * tp * 10^ - 6). ^0. 5 * 10^4;
deta = Wen. /Lp;
count = 1;
```

```
for xx = 1: length(tp);
a = 3 * Wen(xx) + (3 * Wen(xx).^3)/(2 * Lp(xx).^2);
if (a./(Xmn1 - 30)) > 1;
        tpyou(count) = tp(xx);
        Wnyou(count) = Wnhao(xx);
        royou(count) = rohao(xx);
        deta1(count) = deta(xx);
        Wenyou(count) = Wen(xx);
        count = count + 1;
end
end
alfa1 = 1 - (deta1).^2;
disp('少子寿命应控制在如下范围:'), tpyou
disp('硅片电阻率应控制在如下范围:'), royou
disp('长基区宽度应控制在如下范围:'), Wnyou
disp('电流放大系数:'), alfa1
% xuchuanxiang1(romin, VDSM);% 徐传镶输出:电阻率\少子寿命和长基区宽度
W = Wnyou + 2 * Xjp;
% 特性判据
% 一扩、二扩特性参数
disp('硅片厚度为:'), W
for xx = 1: length(tpyou);
[Vsp, t, point, XjGa] = deptherfc(Xjp, NsAl, Nsp, royou(xx));
Vsp1(xx) = Vsp;% P1 区表面毫伏数
t1(xx) = t;% 预估扩散时间
point1(xx) = point;% Ga/Al 等浓度点
XjGa1(xx) = XjGa;% Ga 结深度
end
% 短基区空间电荷区扩展
for xx = 1: length(tpyou);
[Xmp1] = XMP2(Xjp, Xmn1(xx), NsAl, royou(xx));
Xmp(xx) = Xmp1;% P 区空间电荷区宽度
end
% deptherfc_figure(Xjp, NsAl, Nsp, royou(1))
% disp('一扩最终表面毫伏数为:'), Vsp1
% disp('一扩预计时间为'), t1
% disp('Ga 的最终结深'), XjGa1
% % % % % % % % % % % % % % % 二扩特性参数
for xx = 1: length(tpyou);
```

```
tn = tp(xx)/10;%&&&&&&&&&&&% P 基区少子寿命
[Njn1,Vsp21,rop21,ron1,Vsn1,alfa21] = depth_n(Xjn,Xjp,NsAl,Nsp,Nsn,royou(xx),Xmp(xx),
tn);
Njn(xx) = Njn1;%% J3 结处 次表面浓度
Vsp2(xx) = Vsp21;% P2 区表面毫伏数
rop2(xx) = rop21;% P2 区电阻
ron(xx) = ron1;% N2 区电阻
Vsn(xx) = Vsn1;% N2 表面毫伏数
alfa2(xx) = alfa21;
end
% 压降的计算
Jm = 3.14 * jT;
% 预选峰值电流密度
for   xx = 1:length(tpyou);
   Wnx = Wnyou(xx) + 50;%% 此量待修正
   [Vjm,Vmm,Vnpm] = yajiang_second(Jm,Nsn,Xjn,Wnx,Njn(xx),royou(xx),tpyou(xx));
   VTM(xx,2) = Vjm + Vmm + Vnpm;
   [Vjm1,Vmm1,Vnpm1] = yajiangyajiang_first(Jm,Nsn,Xjn,W(xx),royou(xx),tpyou(xx));
   VTM(xx,1) = Vjm1 + Vmm1 + Vnpm1;
end
disp('通态峰值压降:'),VTM
% 门极基本参数计算
V0 = 0.6;
Igt1 = [Igt_min,Igt_max];
Igt = Igt1(1):10:Igt1(2);
% Vgt = [Vgt_min,Vgt_max];

Vgt = linspace(Vgt_min,Vgt_max,10);
x1 = linspace(0,3,15);% 门极半宽
x2 = linspace(0,2,10);% 门极和放大门极间距
x3 = linspace(0,5,50);% 放大门极宽度
x4 = linspace(0,3,30);% 放大门极和阴极间距
x5 = linspace(0,5,50);% 第一排阴极宽度
rop1av = 4.532 * sum(Vsp1)/length(Vsp1) * Xjp * 10^ - 4;% P1 区平均电阻率
rop2av = sum(rop2)/length(rop2);% P2 区平均电阻率
[Igt_Rgt_x,Vgt_Igt_R,Vgt_Igt_x] = menji(Vgt,Igt,Xjp,Xjn,x1,x2,x3,x4,x5,rop1av,rop2av,V0);
disp('门极电流的最小值是'),min(Vgt_Igt_R(:,2))
disp('门极电流的最大值是'),max(Vgt_Igt_R(:,2))
Igt_1 = input('输入范围内 10 的倍数的触发电流:');
```

```
count = 1;
for xx = 1:length( Vgt_Igt_R( : ,2) );
    if round( Vgt_Igt_R( xx,2) − Igt_1) = = 0&round( Vgt_Igt_x( xx,2) − Igt_1) = = 0;
        Vgt_Igt_R_1( count, : ) = Vgt_Igt_R( xx, : );
        Vgt_Igt_x_1( count, : ) = Vgt_Igt_x( xx, : );
        count = count + 1;
    end
end
r_nei1 = ( Vgt_Igt_x_1( : ,3) + Vgt_Igt_x_1( : ,4) + Vgt_Igt_x_1( : ,5) + Vgt_Igt_x_1( : ,6) ); % 阴极
内径长度范围
r_nei = sort( r_nei1 );
Ag_nei = pi ∗ r_nei. ^2; ;% 阴极内径面积
% 阴极有效面积
d = 0. 3:0. 1:0. 5;% 短路点直径
D = 1. 6:0. 5:4. 5;% 短路点间距
Aeff = IT/jT;% 阴极有效面积
count = 1;
for xx = 1:length( d) ;
    for yy = 1:length( D) ;
yita_d_D( count,3) = sqrt( 3)/6 ∗ pi ∗ ( d( xx)/D( yy) )^2;% 第三列短路点占的百分比
yita_d_D( count,1) = d( xx);% 第一列短路点直径
yita_d_D( count,2) = D( yy);% 第二列短路点间距
    count = count + 1;
    end
end
aa = yita_d_D( : ,3);
Ak = Aeff. /( 1 − aa);
count = 1;
for xx = 1:length( Ag_nei) ;
for yy = 1:length( Ak) ;
        Ag_wai = Ag_nei( xx) + Ak( yy);
        r_wai_nei( count,1) = sqrt( Ag_wai/pi );
        r_wai_nei( count,2) = r_nei( xx);
        r_wai_nei( count,3) = Vgt_Igt_x_1( xx,3);
        r_wai_nei( count,4) = Vgt_Igt_x_1( xx,4);
        r_wai_nei( count,5) = Vgt_Igt_x_1( xx,5);
        r_wai_nei( count,6) = Vgt_Igt_x_1( xx,6);
        count = count + 1;
    end
```

```
end
theta = linspace(0,2 * pi,100);
r_wai_x = r_wai_nei(1,1) * cos(theta);
r_wai_y = r_wai_nei(1,1) * sin(theta);
fill(r_wai_x,r_wai_y,'r');hold on;axis square
%%%%%%%%%%
rad_duan = yita_d_D(1,2);
a1_ge = [rad_duan 0];
a2_ge = [rad_duan/2 sqrt(3) * rad_duan/2];
count = 1;
for xx = -20:20;
    for yy = -20:20;
        duan1 = xx * a1_ge + yy * a2_ge;
        if (duan1(1)^2 + duan1(2)^2) < = (r_wai_nei(1,1)^2 + 1);
            duan(count,:) = duan1;
        count = count + 1;
        end
    end
end
plot(duan(:,1),duan(:,2),'o');
%%%%%%%%%%%%%
rg2_x = (r_wai_nei(1,3) + r_wai_nei(1,4) + r_wai_nei(1,5)) * cos(theta);
rg2_y = (r_wai_nei(1,3) + r_wai_nei(1,4) + r_wai_nei(1,5)) * sin(theta);
fill(rg2_x,rg2_y,'g');
```

子程序 1:

```
function [Njn,Vsp2,rop2,ron,Vsn,alfa2] = depth_n(Xjn,Xjp,NsAl,Nsp,Nsn,ro,Xmp,tn)
% 结深
% 陆晓东 2008.3.24
% Xj = Xjp;NsGa = Nsp;ro = rohao;
T = 273 + 1250;
% 扩散基本参数
K = 8.62 * 10^-5;% 玻耳兹曼常数
EAl = 3.36;% 铝的激活能
D0Al = 4.8;
q = 1.6 * 10^-19;% 电子电量

DAl = D0Al * exp(-EAl/K/T);
EGa = 4.12;% Ga 的激活能
D0Ga = 255;
```

```
DGa = D0Ga * exp( - EGa/K/T) ;
Nb = 1/( 1. 6 * 10^ - 19 * 1350 * ro) ;


Nav = Nsp/sqrt( pi). * 1. /( erfcinv( Nb/Nsp) ) ;
% mun = 88 * Tn^ - 0. 57 + 7. 4 * 10^8 * T^ - 2. 33. /( 1 + 0. 7^ - 17 * Nav * Tn^ - 2. 546) ;
% mup = 54. 3 * Tn^ - 0. 57 + 1. 36 * 10^8 * T^ - 2. 33. /( 1 + 0. 37^ - 17 * Nav * Tn^ - 2. 546) ;
mumax = 406. 9 ;
mumin = 54. 3 ;
Nref = 2. 35 * 10^17 ;
% f = ( 1. 48 * 10^10. /2. 04. /Nref). ^alfa ;
% mup = ( mumax - mumin). /( ( 1 + Nav. /Nref) + f) + mumin ;
mup = ( mumax - mumin). /( ( 1 + ( Nav + Nb). /Nref) ) + mumin ;


DTAl = Xjp * 10^ - 4/erfcinv( Nb/NsAl) /2 ;
t = ( DTAl)^2/3600/DAl ;
% Alde 分布函数
x = linspace( 0, 1. 5 * Xjp, 200) ;
NAl = NsAl * erfc( ( x * 10^ - 4). /( 2 * sqrt( DAl * t * 3600) ) ) ;
% Gade 分布函数
NGa = Nsp * erfc( ( x * 10^ - 4). /( 2 * sqrt( DGa * t * 3600) ) ) ;
% Al 和 Ga 的浓度和
NP1 = NAl + NGa ;
for xx = 1: length( x) ;
    if ( NGa( xx) - NAl( xx) ) < 0 ;
        point = x( xx) ;
        break ;
    end
end
for xx = 1: length( x) ;
    if ( NGa( xx) - Nb) < 0 ;
        XjGa = x( xx) ;
        break ;
    end
end


DTGa = XjGa * 10^ - 4/erfcinv( Nb/Nsp) /2 ;
% P 型区空间电荷区扩展处, 次表面浓度
N2 = NsAl * erfc( ( ( Xjp - Xmp) * 10^ - 4). /( 2 * sqrt( DAl * t * 3600) ) ) ;
N1 = Nsp * erfc( ( ( Xjp - Xmp) * 10^ - 4). /( 2 * sqrt( DGa * t * 3600) ) ) ;
```

```
Nxmp = N1 + N2;
N21 = NsAl * erfc((((Xjn) * 10^ - 4). /(2 * sqrt(DAl * t * 3600))));
N11 = Nsp * erfc((((Xjn) * 10^ - 4). /(2 * sqrt(DGa * t * 3600))));
Njn = N21 + N21;
%5 电流放大系数 alfa2
Dn = 35;
Ln = (Dn * tn * 10^ - 6)^0. 5 * 10^4;
yita = log(Njn/Nxmp);
lamb = yita^2/(yita - 1 + exp( - yita));
Wenp = Xjp - Xjn - Xmp;
alfa2 = 1 - 1/lamb * Wenp^2/Ln^2;
%P 基区参数
N2 = NsAl * erfc((Xjn * 10^ - 4). /(2 * sqrt(DAl * t * 3600)));
N1 = Nsp * erfc((Xjn * 10^ - 4). /(2 * sqrt(DGa * t * 3600)));
Ns1 = N1 + N2;
DTAl1 = (Xjp - Xjn) * 10^ - 4/erfcinv(Nb/N2)/2;
DTGa1 = (XjGa - Xjn) * 10^ - 4/erfcinv(Nb/N1)/2;
QAl = 1. 13 * N2 * DTAl1;
QGa = 1. 13 * N1 * DTGa1;
Q = QAl + QGa;
Vsp2 = 1/(q * mup * Q)/4. 532;
rop2 = 4. 532 * Vsp2 * (Xjp - Xjn) * 10^ - 4;
%N2 区参数
Nav = Nsn/sqrt(pi). * 1. /(erfcinv(Ns1/Nsn));
mumax = 1268;
mumin = 92;
Nref = 1. 3 * 10^17;
mun = (mumax - mumin). /((1 + (Nav + Nb). /Nref)) + mumin;
DTp = Xjn * 10^ - 4/2/(log(Nsn/Ns1))^0. 5;
Qp = Nsn * (pi)^0. 5 * DTp;
Vsn = 1/(q * mun * Qp)/4. 532;
ron = 4. 532 * Vsn * Xjn * 10^ - 4;


子程序 2:
function [Vsp, t, point, XjGa] = deptherfc(Xj, NsAl, NsGa, ro)
%结深
%陆晓东 2008. 3. 24
T = 273 + 1250;
%扩散基本参数
```

```
K = 8.62 * 10^ - 5;%玻耳兹曼常数
EAl = 3.36;%铝的激活能
D0Al = 4.8;
q = 1.6 * 10^ - 19;%电子电量

DAl = D0Al * exp( - EAl/K/T);
EGa = 4.12;% Ga 的激活能
D0Ga = 255;
DGa = D0Ga * exp( - EGa/K/T);
Nb = 1/( 1.6 * 10^ - 19 * 1350 * ro);

Nav = NsGa/sqrt( pi). * 1./( erfcinv( Nb/NsGa));
% mun = 88 * Tn^ - 0.57 + 7.4 * 10^8 * T^ - 2.33./( 1 + 0.7^ - 17 * Nav * Tn^ - 2.546);
% mup = 54.3 * Tn^ - 0.57 + 1.36 * 10^8 * T^ - 2.33./( 1 + 0.37^ - 17 * Nav * Tn^ - 2.546);
mumax = 406.9;
mumin = 54.3;
Nref = 2.35 * 10^17;
% f = ( 1.48 * 10^10./2.04./Nref). ^alfa;
% mup = ( mumax - mumin)./( ( 1 + Nav./Nref) + f) + mumin;
mup = ( mumax - mumin)./( ( 1 + ( Nav + Nb)./Nref)) + mumin;

DTAl = Xj * 10^ - 4/erfcinv( Nb/NsAl)/2;
t = ( DTAl)^2/3600/DAl;
% Alde 分布函数
x = linspace( 0,1.5 * Xj,200);
NAl = NsAl * erfc( ( x * 10^ - 4)./( 2 * sqrt( DAl * t * 3600)));
% Gade 分布函数
NGa = NsGa * erfc( ( x * 10^ - 4)./( 2 * sqrt( DGa * t * 3600)));
% Al 和 Ga 的浓度和
NP1 = NAl + NGa;
for xx = 1:length( x);
    if ( NGa( xx) - NAl( xx)) < 0;
        point = x( xx);
        break;
    end
end
for xx = 1:length( x);
    if ( NGa( xx) - Nb) < 0;
        XjGa = x( xx);
```

```
            break;
        end
    end
end
DTGa = XjGa * 10^ - 4/erfcinv( Nb/NsGa)/2;
QAl = 1. 13 * NsAl * DTAl;
QGa = 1. 13 * NsGa * DTGa;
Q = QAl + QGa;
Vsp = 1/( q * mup * Q)/4. 532;
```

子程序 3:

```
function deptherfc_figure( Xj,NsAl,NsGa,ro)
% 结深
% 陆晓东 2008. 3. 24
T = 273 + 1250;
% 扩散基本参数
K = 8. 62 * 10^ - 5;% 玻耳兹曼常数
EAl = 3. 36;% 铝的激活能
D0Al = 4. 8;
q = 1. 6 * 10^ - 19;% 电子电量

DAl = D0Al * exp( - EAl/K/T);
EGa = 4. 12;% Ga 的激活能
D0Ga = 255;
DGa = D0Ga * exp( - EGa/K/T);
Nb = 1/( 1. 6 * 10^ - 19 * 1350 * ro);

Nav = NsGa/sqrt( pi). * 1. /( erfcinv( Nb/NsGa));
% mun = 88 * Tn^ - 0. 57 + 7. 4 * 10^8 * T^ - 2. 33. /( 1 + 0. 7^ - 17 * Nav * Tn^ - 2. 546);
% mup = 54. 3 * Tn^ - 0. 57 + 1. 36 * 10^8 * T^ - 2. 33. /( 1 + 0. 37^ - 17 * Nav * Tn^ - 2. 546);
mumax = 406. 9;
mumin = 54. 3;
Nref = 2. 35 * 10^17;
% f = ( 1. 48 * 10^10. /2. 04. /Nref). ^alfa;
% mup = ( mumax - mumin). /( ( 1 + Nav. /Nref) + f) + mumin;
mup = ( mumax - mumin). /( ( 1 + ( Nav + Nb). /Nref)) + mumin;

DTAl = Xj * 10^ - 4/erfcinv( Nb/NsAl)/2;
t = ( DTAl)^2/3600/DAl;
%  Alde 分布函数
```

```
x = linspace(0,1.5 * Xj,200);
NAl = NsAl * erfc((x * 10^ -4)./(2 * sqrt(DAl * t * 3600)));
% Gade 分布函数
NGa = NsGa * erfc((x * 10^ -4)./(2 * sqrt(DGa * t * 3600)));
% Al 和 Ga 的浓度和
NP1 = NAl + NGa;
for xx = 1:length(x);
    if (NGa(xx) - NAl(xx)) <0;
        point = x(xx);
        break;
    end
end
for xx = 1:length(x);
    if (NGa(xx) - Nb) <0;
        XjGa = x(xx);
        break;
    end
end
DTGa = XjGa * 10^ -4/erfcinv(Nb/NsGa)/2;
figure
semilogy(x,NAl - Nb,'b')
hold on
semilogy(x,NGa - Nb,'g')
semilogy(x,(NAl + NGa - Nb),'r')
N1(1:length(NAl)) = Nb;
semilogy(x,N1,':')
axis([0,Xj,10^12,10^21])

QAl = 1.13 * NsAl * DTAl;
QGa = 1.13 * NsGa * DTGa;
Q = QAl + QGa;
Vsp = 1/(q * mup * Q)/4.532;

子程序 4:
function [Igt_Rgt_x,Vgt_Igt_R,Vgt_Igt_x] = menji(Vgt,Igt,Xjp,Xjn,x1,x2,x3,x4,x5,rop1av,
rop2av,V0);
Igt_num = 1:length(Igt);
count = 1;
for xx1 = 1:length(x1);
    for xx2 = 1:length(x2);
```

```
        R0(count) = rop1av/(2 * pi * Xjp * 10^ - 4) * log((x1(xx1) + x2(xx2))/x1(xx1));
        R0x_1(count) = x1(xx1);
        R0y_1(count) = x2(xx2);
        R0xy(count) = (x1(xx1) + x2(xx2));
        count = count + 1;
    end
end
count = 1;
  for xx1 = 1:length(x3);
      for xx2 = 1:length(R0);
          Rg01 = rop2av/(2 * pi * (Xjp - Xjn) * 10^ - 4) * log((R0xy(xx2) + x3(xx1))/R0xy
(xx2));
          IIg = V0/Rg01 * 10^3;
          for yy = 1:length(Igt);
              if abs(IIg - round(Igt(yy))) < 1&R0x_1(xx2) > 0.1&R0y_1(xx2) > 0.1&x3
(xx1) > 0.1;
                  Igt_Rgt_x1(count,1) = Igt(yy);%% 第一列是门极电流 Igt
                  Igt_Rgt_x1(count,2) = R0(xx2);% 门极放大门极间电阻 R0
                  Igt_Rgt_x1(count,3) = Rg01;% 第三列是放大门极电阻 Rg0
                  Igt_Rgt_x1(count,4) = R0x_1(xx2);% 第四列是中心门极半径 x1
                  Igt_Rgt_x1(count,5) = R0y_1(xx2);% 第五是门极和放大门极间距 x2
                  Igt_Rgt_x1(count,6) = x3(xx1);% 第六列是放大门极宽度 x3

                  count = count + 1;
              end
          end
      end
  end
Igt_Rgt_x = sortrows(Igt_Rgt_x1);
% plot(Igt_Rgt_x(:,1),Igt_Rgt_x(:,3));% 放大门极下电阻,决定着触发电流
% plot(Rg0x_1);% 放大门宽度
% plot(Rg0xy_1);% 门极中心,到放大门极最近边缘距离
Igt_Rgt_x_num = size(Igt_Rgt_x);
count = 1;
for xx1 = 1:length(x4);
    for xx2 = 1:Igt_Rgt_x_num(1);
        x1_x3 = Igt_Rgt_x(xx2,4) + Igt_Rgt_x(xx2,5) + Igt_Rgt_x(xx2,6);
        R1(count) = rop1av/(2 * pi * Xjp * 10^ - 4) * log((x1_x3 + x4(xx1))/x1_x3);
        Igt_Rgt_x1_x3(count,:) = Igt_Rgt_x(xx2,:);
```

```
                R1x_1(count) = x4(xx1);
                count = count + 1;
            end
        end
Igt_Rgt_x1_x4 = Igt_Rgt_x1_x3;
R1x = R1x_1';
Igt_Rgt_x1_x4(:,7) = R1x;%第七是放大门极和阴极间距 x4
Igt_Rgt_x1_num = size(Igt_Rgt_x1_x4);
count = 1;
for yy = 1:length(Vgt)
for xx1 = 1:length(x5);
    for xx2 = 1:Igt_Rgt_x1_num;
        x1_x4 = Igt_Rgt_x1_x4(xx2,4) + Igt_Rgt_x1_x4(xx2,5) + Igt_Rgt_x1_x4(xx2,6) + Igt_
Rgt_x1_x4(xx2,7);
        Rg1 = rop2av/(2 * pi * (Xjp - Xjn) * 10^-4) * log((x1_x4 + x5(xx1))/x1_x4);
        Vgt1 = Igt_Rgt_x1_x4(xx2,1) * 10^-3 * (Igt_Rgt_x1_x4(xx2,2) + Igt_Rgt_x1_x4(xx2,
3) + R1(xx2) + Rg1);

        if abs(Vgt1 - Vgt(yy)) < =0.1&Igt_Rgt_x1_x4(xx2,3)/Rg1 > =3&Rg1 ~ =0&R1(xx2)
~ =0;
        Vgt_Igt_R0_Rg0_R1_Rg1(count,1) = Vgt1;
        Vgt_Igt_R0_Rg0_R1_Rg1(count,2) = Igt_Rgt_x1_x4(xx2,1);
        Vgt_Igt_R0_Rg0_R1_Rg1(count,3) = Igt_Rgt_x1_x4(xx2,2);
        Vgt_Igt_R0_Rg0_R1_Rg1(count,4) = Igt_Rgt_x1_x4(xx2,3);
        Vgt_Igt_R0_Rg0_R1_Rg1(count,5) = R1(xx2);
        Vgt_Igt_R0_Rg0_R1_Rg1(count,6) = Rg1;

        Vgt_Igt_x1_x5(count,1) = Vgt1;
        Vgt_Igt_x1_x5(count,2) = Igt_Rgt_x1_x4(xx2,1);
        Vgt_Igt_x1_x5(count,3) = Igt_Rgt_x1_x4(xx2,4);
        Vgt_Igt_x1_x5(count,4) = Igt_Rgt_x1_x4(xx2,5);
        Vgt_Igt_x1_x5(count,5) = Igt_Rgt_x1_x4(xx2,6);
        Vgt_Igt_x1_x5(count,6) = Igt_Rgt_x1_x4(xx2,7);
        Vgt_Igt_x1_x5(count,7) = x5(xx1);
    count = count + 1;
    end
        end
    end
end
```

```
Vgt_Igt_R = sortrows( Vgt_Igt_R0_Rg0_R1_Rg1);
Vgt_Igt_x = sortrows( Vgt_Igt_x1_x5);
% subplot(3,2,1)
% plot( Igt_x(:,1), Igt_x(:,2),'o')
% subplot(3,2,2)
% plot( Igt_x(:,1), Igt_x(:,3),'o')
% subplot(3,2,3)
% plot( Igt_x(:,1), Igt_x(:,4),'o')
% plot( Igt_x(:,1), Igt_x(:,4))
% subplot(3,2,4)
% plot( Igt_x(:,1), Igt_x(:,5))
% subplot(3,2,5)
% plot( Igt_x(:,1), Igt_x(:,6))
```

子程序5:
```
function [r_mo] = mojiao( r_wai_nei_x, W, Xjp, Xmp, Xmn, zushu);
theta_zheng = 45;
r_mo2 = atan( theta_zheng * 180/pi) * (W - 1.1 * Xjp) * 10^-3;
r_mo3 = 10^-3 * 1.1 * Xjp./tan(100 * Xmp./Xmn);

if r_wai_nei_x( zushu,1) < =20;
    r_mo1 = 0.4;
else if r_wai_nei_x( zushu,1) > =20&r_wai_nei_x( zushu,1) < =40;
    r_mo1 = 0.6;
else
    if r_wai_nei_x( zushu,1) >40&r_wai_nei_x( zushu,1) < =60;
    r_mo1 = 0.8;
else
    if r_wai_nei_x( zushu,1) > =60;
    r_mo1 = 1;
    end
end
end
end

if r_wai_nei_x( zushu,1) < =20;
    r_mo4 = 0.4;
else if r_wai_nei_x( zushu,1) > =20&r_wai_nei_x( zushu,1) < =40;
    r_mo4 = 0.6;
else
```

```
     if r_wai_nei_x( zushu,1) >40;
     r_mo4 = 1;
end
end
end
r_mo = zeros( length( r_mo2) ,4) ;
r_mo(: ,2) = r_mo2′;
r_mo(: ,3) = r_mo3′;
r_mo(: ,1) = r_mo(: ,1) + r_mo1;
r_mo(: ,4) = r_mo(: ,1) + r_mo4;
```

子程序 6：

```
function [ Vb,romin] = romin( VDRM,VDSM)
% 结深
% 陆晓东 2008. 3. 24
if VDRM < = 1600;
Vb = VDSM/0. 9;
else
     if VDRM > = 1600&VDRM < = 2000;
Vb = VDSM/0. 88;
else
Vb = VDSM/0. 86;
end
end
% 获得电阻率的最小值
if VDRM > = 1500;
     romin = ( Vb/96)^(4/3) ;
else
     romin = ( Vb/126)^(4/3) ;
end
```

子程序 7：

```
function [ Wnhao,rohao] = xuchuanxiang( romin,VDSM,tp) ;
% 设计陆晓东
% 日期 2008. 7. 18
rox = linspace( romin,400,800) ;
Xn = 0. 531 ∗ ( rox. ∗ VDSM). ^(1/2) ;
if VDSM > = 1500;
     Vb = 96 ∗ rox. ^(3/4) ;
else
```

```
        Vb = 126 * rox. ^(0. 63) ; ;
end
Vb = 100 * rox. ^(3/4) ;
Dp = 12. 40 ;
Lp = ( Dp * tp * 10^ - 6)^(1/2) ;
alfa1 = 1 - ( VDSM. /Vb). ^4 ;
Wen1 = 10^4 * Lp * log( 1. /alfa1 + ( ( 1. /alfa1). ^2 - 1). ^(1/2) ) ;
Wn1 = Xn + Wen1 ;
Wnhao = round( min( Wn1 ) ) ;
for xx = 1: length( rox ) ;
        XXn = 0. 531 * ( rox( xx ) * VDSM)^(1/2) ;
        Vbb = 100 * rox( xx )^(3/4) ;
        alfa1 = 1 - ( VDSM. /Vbb). ^4 ;
        XWen1 = 10^4 * Lp * log( 1/alfa1 + ( ( 1/alfa1 )^2 - 1)^(1/2) ) ;
        WWn1 = XXn + XWen1 ;
        if Wnhao = = round( WWn1 ) ;
            rohao = rox( xx ) ;
        end
end


子程序 8 :
function [ VTM ] = yajiang( Jm, Nsn, Xjn, Wn, roy, tp )
%结深
%陆晓东 2008. 3. 24


%  峰值结压降
T = 273 + 125 ;%额定结温下,通态压降数值
K = 1. 38 * 10^ - 23 ;%玻耳兹曼常数
q = 1. 6 * 10^ - 19 ;%电子电量
% d = 0. 5 * ( Wnhao + 2 * Wp1 ) ;
ta = 2 * tp ;%双极寿命
Da = 7 ;%双极扩散系数
% Tn = T/300 ;
ni = 3. 25 * 10^15 * T^(3/2) * exp( - 6380. 5/T) ;
% gama = 2. 9 * 10^ - 31 ;
% ty = 1/( ta^ - 1 + gama * ( J/2/q/d)^2 * )
% mun = 88 * Tn^( - 0. 57) + ( 7. 4 * 10^8 * T^( - 2. 33) )/( 1 + 0. 7 * 10^( - 17) )
Nb = ( 1350 * roy * 1. 6 * 10^ - 19)^ - 1
Nsnav = Nsn/log( Nsn/Nb ) ;
```

```
Vjm = K * T/q * log( Jm * Nsnav * Xjn * 10 - 4/( 2 * ni^2 * q * Da) ) ;
%%% 峰值体压降
Lp = ( 12. 4 * tp * 10^ - 6 ) ^0. 5 * 10^4 ;
L = 1. 21 * Lp ;
munp = q/K/T * Da ;
Wnx = Wn + 50 ;%% 此量待修正
b = 2. 81 ;% 此量待修正
% Vmm = ( Wnx * 10^ - 4 ) ^2/2/munp/( ta * 10^ - 6 ) ^0. 5 * 1/( 2 * q * g * N20 ) ^0. 5 * Jm^0. 5 * sinh
( detaa ) /( cosh( detaa ) - 1 ) ;
Vmm = K * T/q * 4 * ( tan( 0. 4 * exp( Wnx/2/L ) ) ) ^ - 1/( ( b + 1 ) * ( 1 + 2 * exp( - Wnx/2/L ) ) )
* exp( Wnx/2/L ) ;
% 散射压降
mun1 = 10^20 ;
Vnpm = Jm * Wnx * 10^ - 4/q/mun1/Nsnav ;
VTM = Vjm + Vmm + Vnpm ;% 峰值压降
% V1 = Vjm + Vmm - 0. 024 + 0. 5 * Vnpm ;
% V2 = Vjm + Vmm - 0. 014 + 1. 5 * Vnpm ;
% VT = 0. 432 * V1 + 0. 068 * V2 ;
% for xx = 1 : 5000 ;
%　　Jmm = xx ;
%　　Vjm( xx ) = 2 * K * T/q * log( ta * Jmm * 10^ - 6/( ni * q * Wnhao * 10^ - 4 ) ) ;
%　　Vmm( xx ) = ( Wnx * 10^ - 4 ) ^2/( 2 * ta * munp * 10^ - 6 ) ;
%　　Vnpm( xx ) = Jmm * Wnx * 10^ - 4/q/mun1 ;
% end
% VTM = Vjm + Vmm + Vnpm ;% 峰值压降
% V1 = Vjm + Vmm - 0. 024 + 0. 5 * Vnpm ;
% V2 = Vjm + Vmm - 0. 014 + 1. 5 * Vnpm ;
% VT = 0. 432 * V1 + 0. 068 * V2 ;
% subplot( 2, 2, 3 ) ;
% xx = 1 : 5000 ;
% plot( xx, VTM )
% hold on
% plot( xx, VT )


子程序9:
function [ yita_d_D, r_nei_wai ] = yinji( d, D, Aeff, Vgt_Igt_x_1 )
count = 1 ;
for xx = 1 : length( d ) ;
    for yy = 1 : length( D ) ;
```

```
yita_d_D( count,3) = sqrt(3)/6 * pi * (d(xx)/D(yy))^2;% 第三列短路点占的百分比
yita_d_D( count,1) = d(xx);% 第一列短路点直径
yita_d_D( count,2) = D(yy);% 第二列短路点间距
    count = count + 1;
        end
end
aa = yita_d_D( :,3);
Ak = sort( Aeff./(1 - aa));
count = 1;
for xx = 1:length( Vgt_Igt_x_1( :,3));
Ag_nei = pi * ( Vgt_Igt_x_1( xx,3) + Vgt_Igt_x_1( xx,4) + Vgt_Igt_x_1( xx,5) + Vgt_Igt_x_1( xx,
6))^2;% 阴极内径面积
for yy = 1:length( Ak);
    Ag_wai = Ag_nei + Ak( yy);
    r_nei_wai( count,1) = Vgt_Igt_x_1( xx,3) + Vgt_Igt_x_1( xx,4) + Vgt_Igt_x_1( xx,5) + Vgt_Igt
_x_1( xx,6);
    r_nei_wai( count,2) = sqrt( Ag_wai/pi);
    count = count + 1;
  end
end


子程序 10:
function yinji_figure_mojiao( r_wai_nei_x,r_mo,yita_d_D,zushu);


for xx = 1:length( r_mo);
figure;
theta = linspace( 0,2 * pi,100);
momo = r_mo( xx,1) + r_mo( xx,2) + r_mo( xx,3) + r_mo( xx,4);
r_wai_x1 = ( r_wai_nei_x( zushu,1) + momo) * cos( theta);
r_wai_y1 = ( r_wai_nei_x( zushu,1) + momo) * sin( theta);
fill( r_wai_x1,r_wai_y1,'b');hold on;axis square

momo1 = r_mo( xx,2) + r_mo( xx,3) + r_mo( xx,4);
r_wai_x2 = ( r_wai_nei_x( zushu,1) + momo1) * cos( theta);
r_wai_y2 = ( r_wai_nei_x( zushu,1) + momo1) * sin( theta);
fill( r_wai_x2,r_wai_y2,'y');

momo2 = r_mo( xx,3) + r_mo( xx,4);
r_wai_x3 = ( r_wai_nei_x( zushu,1) + momo2) * cos( theta);
```

```
r_wai_y3 = ( r_wai_nei_x( zushu,1) + momo2) * sin( theta) ;
fill( r_wai_x3 ,r_wai_y3 ,'g') ;


momo3 = r_mo( xx,3) + r_mo( xx,4) ;
r_wai_x4 = ( r_wai_nei_x( zushu,1) + momo3) * cos( theta) ;
r_wai_y4 = ( r_wai_nei_x( zushu,1) + momo3) * sin( theta) ;
fill( r_wai_x4 ,r_wai_y4 ,'m') ;


r_wai_x = r_wai_nei_x( zushu,1) * cos( theta) ;
r_wai_y = r_wai_nei_x( zushu,1) * sin( theta) ;
fill( r_wai_x,r_wai_y,'r') ;
% % % % % % % % % %
rad_duan = yita_d_D( 1,2) ;
a1_ge = [ rad_duan 0] ;
a2_ge = [ rad_duan/2 sqrt( 3) * rad_duan/2] ;
count = 1 ;
for xx = -40:40 ;
    for yy = -40:40 ;
    duan1 = xx * a1_ge + yy * a2_ge ;
    if
( duan1( 1)^2 + duan1( 2)^2) < = ( r_wai_nei_x( zushu,1)^2) &( duan1( 1)^2 + duan1( 2)^2) > = (
r_wai_nei_x( zushu,2)^2) ;
        duan = duan1 ;
        plot( duan( 1) ,duan( 2) ) ;
      count = count + 1 ;
      end


    end
end
% plot( duan( :,1) ,duan( :,2) ) ;
% %
r_wai_x = r_wai_nei_x( zushu,2) * cos( theta) ;
r_wai_y = r_wai_nei_x( zushu,2) * sin( theta) ;
fill( r_wai_x,r_wai_y,'b') ;
% % % % % % % % % % %


rg2_x = ( r_wai_nei_x( zushu,3) + r_wai_nei_x( zushu,4) + r_wai_nei_x( zushu,5) ) * cos( theta) ;
rg2_y = ( r_wai_nei_x( zushu,3) + r_wai_nei_x( zushu,4) + r_wai_nei_x( zushu,5) ) * sin( theta) ;
fill( rg2_x,rg2_y,'g') ;
```

```
rg0_x = r_wai_nei_x(zushu,3) * cos(theta);
rg0_y = r_wai_nei_x(zushu,3) * sin(theta);
fill(rg0_x,rg0_y,'c');
end
```

子程序11:

```
function [Vjm,Vmm,Vnpm] = yajiangyajiang_first(Jm,Nsn,Xjn,W,royou,tpyou)
% 结深
% 陆晓东 2008.3.24
%%%% 峰值结压降
T = 273 + 125;% 额定结温下,通态压降数值
K = 1.38 * 10^ - 23;% 玻耳兹曼常数
q = 1.6 * 10^ - 19;% 电子电量
% d = 0.5 * (Wnhao + 2 * Wp1);
ta = 2 * tpyou;% 双极寿命
% Tn = T/300;
ni = 3.87 * 10^16 * T^(3/2) * exp(-7014/T);
% gama = 2.9 * 10^ - 31;
% ty = 1/(ta^ - 1 + gama * (J/2/q/d)^2 *)
% mun = 88 * Tn^( - 0.57) + (7.4 * 10^8 * T^( - 2.33))/(1 + 0.7 * 10^( - 17))
Vjm = K * T/q * log(ta * Jm * 10^ - 6/(ni * q * W * 10^ - 4));
%%% 峰值体压降
Lp = (12.4 * tpyou * 10^ - 6)^0.5 * 10^4;
L = 1.21 * Lp;
Da = 7;% 双极扩散系数
munp = q/K/T * Da;
b = 2.81;% 此量待修正
% Vmm = (Wnx * 10^ - 4)^2/2/munp/(ta * 10^ - 6)^0.5 * 1/(2 * q * g * N20)^0.5 * Jm^0.5 * sinh
(detaa)/(cosh(detaa) - 1);
Vmm = (W * 10^ - 4)^2/(2 * ta * 203.9 * 10^ - 6);
%%% 散射压降
mun1 = 10^20;
Vnpm = Jm * W * 10^ - 4/q/mun1;
```

参 考 文 献

［1］一篇文章读懂电力电子器件的历史与未来［EB/OL］.（2014 – 06 – 13）［2015 – 08］. http://www. chuandong. com/news/news. aspx? id = 138939

［2］苏开才,毛宗源. 现代功率电子技术［M］. 北京:机械工业出版社,1995.

［3］王志良. 电力电子新元件及其应用技术［M］. 北京:国防工业出版社,1995.

［4］聂代柞. 新型电力电子元件［M］. 北京:兵器工业出版社,1994.

［5］［美］格安迪. 功率半导体元件工作原理和制造工艺［M］. 张光华,译. 北京:机械工业出版社,1982.

［6］［美］施敏. 半导体元件物理与工艺［M］. 北京:科学出版社,1992.

［7］［美］格罗夫 A S. 半导体元件物理与工艺［M］. 齐建,译. 北京:科学出版社,1976.

［8］张立,赵永健. 现代电力电子技术［M］. 北京:科学出版社,1992.

［9］第一机械工业部整流器研究所. 可控硅整流器工艺设计手册［M］. 上海:上海人民出版社,1972.

［10］马鹤亭. 电力电子元件［M］. 杭州:浙江大学出版社,1987.

［11］赵殿甲. 可控硅电路［M］. 北京:冶金工业出版社,1986.

［12］第一机械工业部情报所. 大功率可控硅元件制造文集［M］. 北京:机械工业出版社,1973.

［13］清华大学. 大功率可控硅元件原理与设计［M］. 北京:人民教育出版社,1975.

［14］顾廉楚. 功率半导体元件原理［M］. 北京:机械工业出版社,1988.

［15］张为佐. 新型功率半导体元件原理与应用［M］. 北京:机械工业出版社,1982.

［16］Thakur D K. 快速晶闸管的设计思想和试制［J］. 国外电力电子技术,1989(2):18 – 19.

［17］庞银锁. 大功率普通晶闸管的某些设计问题［J］. 电力电子技术,1986(1):51 – 55.

［18］高金凯. 依据电流放大系数和 PN 结相互作用比设计晶闸管长基区机构参数的新方法［M］. 中国电力电子学会第三届年会论文集,1986:44 – 46.

［19］高金凯. 晶闸管长基区结构的线形优化设计法与 x 因子的潜协调［J］. 沈阳工业大学学报,1991(2):35 – 45.

［20］杨萌彪,穆云书. 特种半导体元件及其应用［M］. 北京:电子工业出版社,1991.

［21］丁道宏. 电力电子技术［M］. 北京:航空工业出版社,1992.

［22］王家骅,李长健,牛文成. 半导体元件原理［M］. 北京:科学出版社,1983.

［23］埃克尔特 E R G,德雷克 R M. 传热与传质［M］. 北京:科学出版社,1965.

［24］谢德仁. 电子设备热设计［M］. 南京:东南大学出版社,1989.

［25］丁连芬. 电子设备可靠性热设计手册［M］. 北京:电子工业出版社,1989.

［26］王建石. 电子设备结构设计标准手册［M］. 北京:中国标准出版社,2001.

［27］余建祖,高红霞,谢永奇. 电子设备热设计以及分析技术［M］. 2 版. 北京:北京航空航天大学出版社,2008.

［28］支淼川. 电力电子设备水冷散热器的数值模拟［D］. 北京:华北电力大学,2006.

［29］谢德仁. 电子设备热设计［M］. 南京:南京工学院出版社,1989.

［30］Ahmad A Z,Gunther B. Comparative study of thermal flows with different finite volume and lattice Boltzmann schemes［J］. International Journal of Modern Physics C, 2004,15(02):307 – 319.

[31] Slotboom J W, The PN Product in Silicon[J]. Solid – State Electronics, 1977,20:279 – 283.

[32] 王悦湖,张义门,张玉明,等. Ni/4H – SiC 肖特基二极管高温特性研究[J]. 西安电子科技大学学报,2004,31(1):63 – 66.

[33] Zhang Y, Zhang Y, Alexandrov P, et al. Fabrication of 4H – SiC Merged PN—Sehottky Diodes [J]. Chinese Journal of Semiconductor,2001,22(3):265 – 270.

[34] 崔学祖. 电力电子技术在电力发展中的新应用[J]. 能源技术,2002,23(6):268 – 270.

[35] 莫颖涛,吴为麟. 电力电子技术在分布式发电机中的应用[J]. 华北电力技术,2004,9:48 – 49.

[36] 张桂斌,徐政. 直流输电技术的新发展[J]. 中国电力,2000,33(3):32 – 35.

[37] 石新春,霍利民. 电力电子技术与谐波抑制[J]. 华北电力大学学报,2002,29(1):6 – 9.

[38] 韩永霞,林福昌,戴玲,等. 紧凑型脉冲电流源的研究[J]. 高电压技术, 2008, 34(2): 389 – 392.

[39] Lehmann P. Overview of the electric launch activities at the french german research institute of saintlouis[J]. IEEE Transactions on Magnetics, 2003,39(1): 24 – 28.

冶金工业出版社部分图书推荐

书　名	定价(元)
新能源导论	46.00
锡冶金	28.00
锌冶金	28.00
工程设备设计基础	39.00
功能材料专业外语阅读教程	38.00
冶金工艺设计	36.00
机械工程基础	29.00
冶金物理化学教程(第2版)	45.00
锌提取冶金学	28.00
大学物理习题与解答	30.00
冶金分析与实验方法	30.00
工业固体废弃物综合利用	66.00
中国重型机械选型手册——重型基础零部件分册	198.00
中国重型机械选型手册——矿山机械分册	138.00
中国重型机械选型手册——冶金及重型锻压设备分册	128.00
中国重型机械选型手册——物料搬运机械分册	188.00
冶金设备产品手册	180.00
高性能及其涂层刀具材料的切削性能	48.00
活性炭-微波处理典型有机废水	38.00
铁矿山规划生态环境保护对策	95.00
废旧锂离子电池钴酸锂浸出技术	18.00
资源环境人口增长与城市综合承载力	29.00
现代黄金冶炼技术	170.00
光子晶体材料在集成光学和光伏中的应用	38.00
中国产业竞争力研究——基于垂直专业化的视角	20.00
顶吹炉工	45.00
反射炉工	38.00
合成炉工	38.00
自热炉工	38.00
铜电解精炼工	36.00
钢筋混凝土井壁腐蚀损伤机理研究及应用	20.00
地下水保护与合理利用	32.00
多弧离子镀 Ti-Al-Zr-Cr-N 系复合硬质膜	28.00
多弧离子镀沉积过程的计算机模拟	26.00
微观组织特征性相的电子结构及疲劳性能	30.00